世界でいちばん素敵な

鉱物の教室

The World's Most Wonderful Classroom of the Minerals

はじめに

鉱物は、永い年月をかけて地球から生み出された大地の結晶です。
宝石や美術品として古くから愛され、
近代では鉱物から元素が発見されるなど、
人類に必要不可欠な存在となっています。

この本では、80種類の鉱物を、
鉱物の結晶の色ごとに、美しい風景や建物の写真とともに紹介します。
複数の色をもつ鉱物の場合は、その中で代表的な色を取り上げています。

基本的な知識からおもしろいトリビアまでをやさしく解説しているので、
これから鉱物について知りたいと思っている人でも、
安心してお読みいただけます。

この本を通して、鉱物たちの魅力を感じていただければ幸いです。

鉱物名表記について
宝石名［鉱物名］（鉱物名の英名）の順で掲載しています。
宝石名がない場合は、鉱物名のみの掲載です。

Contents 目次

赤色の鉱物
辰砂 …………………………… P4
ルビー［コランダム］………… P8
スピネル ……………………… P12
鶏冠石 ………………………… P14
ガーネット［石榴石］………… P16
自然銅 ………………………… P18
菱マンガン鉱 ………………… P20
紅柱石 ………………………… P21
リチア電気石 ………………… P22
赤銅鉱／濃紅銀鉱 …………… P23
薔薇輝石 ……………………… P24
リチア雲母 …………………… P26

黄色の鉱物
閃亜鉛鉱 ……………………… P27
黄鉄鉱 ………………………… P28
琥珀 …………………………… P32
金紅石（ルチル）……………… P36
自然硫黄 ……………………… P38
自然金 ………………………… P40
黄水晶［石英］………………… P42
石黄 …………………………… P44
トパーズ ……………………… P46
ミメット鉱 …………………… P48

緑色の鉱物
透輝石 ………………………… P49
ペリドット［苦土橄欖石］…… P50
孔雀石 ………………………… P54
滑石 …………………………… P58
金緑石 ………………………… P59
翠銅鉱（ダイオプテーズ）…… P60

ぶどう石（プレーナイト）…… P62
魚眼石 ………………………… P64
ひすい輝石 …………………… P66
エメラルド［緑柱石］………… P68
緑鉛鉱 ………………………… P72
燐灰石 ………………………… P74
ブロシャン銅鉱 ……………… P75
葉蝋石 ………………………… P76

青色の鉱物
方ソーダ石 …………………… P77
藍銅鉱 ………………………… P78
トルコ石 ……………………… P82
胆礬 …………………………… P86
菫青石 ………………………… P88
カバンシ石 …………………… P89
アマゾナイト［微斜長石］…… P90
藍晶石 ………………………… P92
サファイア［コランダム］…… P94
青鉛鉱 ………………………… P96
ラピスラズリ［ラズライト］… P98
銅藍 …………………………… P102
ラブラドライト（曹灰長石）
 ………………………………… P103
異極鉱 ………………………… P104
天青石 ………………………… P106

紫色の鉱物
チャロ石 ……………………… P107
紫水晶［石英］………………… P108

白色・無色の鉱物
霞石 …………………………… P109

水晶［石英］…………………… P110
氷晶石 ………………………… P114
白雲母 ………………………… P115
岩塩 …………………………… P116
ダイヤモンド ………………… P120
石膏 …………………………… P124
蛍石（フローライト）………… P128
曹灰硼石 ……………………… P132
方解石 ………………………… P133
方沸石 ………………………… P134
白鉛鉱 ………………………… P136
重晶石 ………………………… P138
オパール ……………………… P139
コランダム …………………… P140
自然銀 ………………………… P144

黒色・灰色の鉱物
輝水鉛鉱 ……………………… P145
輝安鉱 ………………………… P146
赤鉄鉱（ヘマタイト）………… P147
錫石 …………………………… P148
硫砒鉄鉱 ……………………… P149
白鉄鉱 ………………………… P150
磁鉄鉱 ………………………… P152

茶色の鉱物
十字石 ………………………… P153
ジルコン ……………………… P154
砂漠のバラ …………………… P156

監修者・参考文献 …………… P157
フォトグラファーリスト …… P158

Q
古代の壁画はどうやって色をつけていたの?

壁画の顔料に辰砂が使われていると言われているイタリアのポンペイ遺跡は、世界遺産に登録されています。

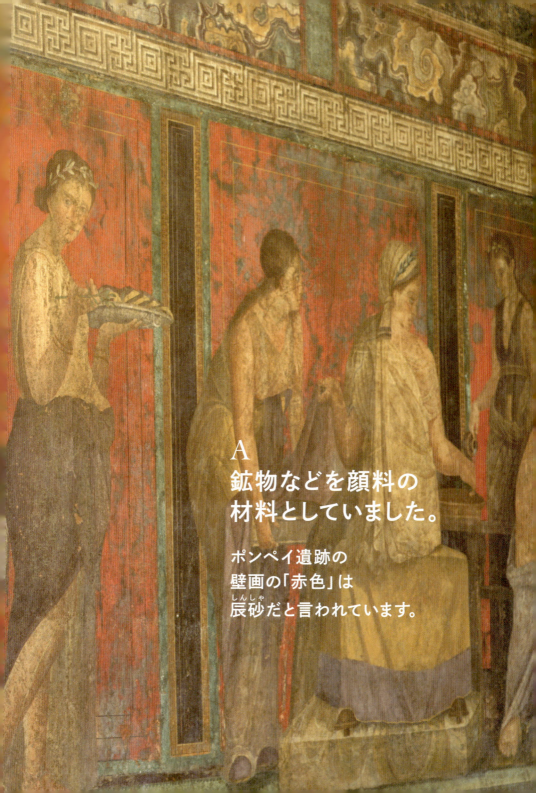

A
鉱物などを顔料の
材料としていました。

ポンペイ遺跡の
壁画の「赤色」は
辰砂だと言われています。

Q 古代の壁画はどうやって色をつけていたの？

Red 赤

Cinnabar
辰砂(しんしゃ)

三方晶系

色：深紅	光沢：ダイヤモンド〜亜金属	硬度：2〜2½	産地：アメリカ、スペイン、
条痕：赤	劈開：三方向に完全	比重：8.2	イタリア、ペルー、中国など

学名の由来は「竜の血」、毒にも薬にもなる「赤」です。

不透明な赤褐色の塊や、透明で濃い赤の結晶で見つかることもある硫化水銀の鉱物です。古代中国の辰州(現在の湖南省近辺)で多く産出したことが名前の由来です。鉱物の名前だけでなく、硫化水銀の赤色顔料の名前でもあります。
日本でも産出し、「丹(に)」とも呼ばれ、『魏志倭人伝』の邪馬台国の記述にも登場します。

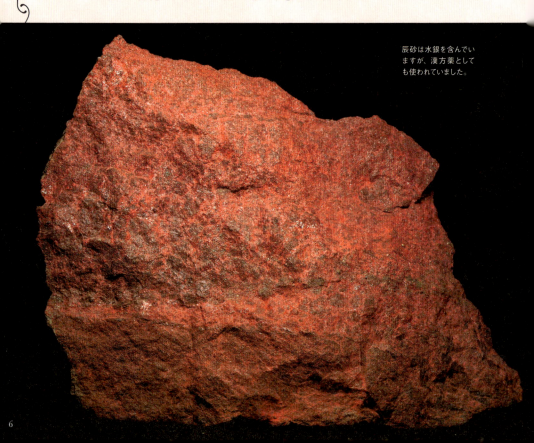

辰砂は水銀を含んでいますが、漢方薬としても使われていました。

1 どんな用途で使われるの？

A 古代中国では、不老不死の薬として使われました。

古代中国では、粉末にして飲んだり、防腐剤として棺に塗ったりしていました。また、道教の発展により、辰砂を主原料とする不老不死の薬、丹薬をつくる錬丹術が発達。19〜20世紀まで盛んに採掘されていました。水銀に毒性があることが分かって以来、使われ方は変わりましたが、いまでも漢方薬に用いられています。

2 薬以外の使われ方はあるの？

A 赤色や朱色の顔料として朱肉などに古くから使われています。

奈良県の高松塚古墳に残された壁画にも辰砂が顔料として使われています。

3 学名「シナバー（cinnabar）」の意味は？

A 「竜の血」を意味しています。

赤い色から、「竜の血」を意味するペルシャ語起源のラテン語に由来した名前が付けられています。

★COLUMN1★
鉱物って何？

鉱物は、地球が作り出した固体物質です。地球は岩石からできており、その岩石を構成するのが鉱物。地球には5300種類以上の鉱物があることが知られています。多くの鉱物は、固体の無機物ですが、例外も存在します。樹液が固まった有機物の琥珀（P32）や、貝の化石は、地面の下で性質が変化したものなので鉱物の仲間とされます。また、水銀も常温では液体ですが鉱物に分類されます。

Q
ルビーはどうして赤いの？

深く美しい赤色のルビーの名をとった、「ルビーレッド」という品種のバラがあります。ちなみに、ルビーは宝石名で、鉱物名はコランダム。

A
元素のクロムが
微量に
含まれているからです。

Q ルビーはどうして赤いの？

Ruby [Corundum]
ルビー［コランダム］

三方晶系

| 色：赤（※ルビー） | 光沢：ガラス | 硬度：9 | 産地：ミャンマー、スリランカ、タイなど |
| 条痕：白 | 劈開：なし | 比重：4.0 | |

透明で大粒の結晶の中でも、赤色のものだけが名乗れます。

ルビーの鉱物名はコランダム。
純粋なコランダムは無色ですが、
少量のクロムを含んで赤色になった透明な大粒の結晶が宝石のルビーとなり、
赤以外の色の透明な大粒の結晶はサファイア（P94）として扱われます。
その硬さからレコードプレーヤーの針や、
腕時計などの精密機械の軸受などに使われてきました。

赤い部分がルビーです。濁りがなく透明感があるほど高く評価されます。

Q1 最も貴重なルビーは？

A 「鳩の血」と呼ばれるルビーです。

＊色の濃いルビーほど貴重です。

ルビーの重要な要素は「色の濃さ」。実は、天然ルビーとして市場に出回っていても、加熱処理によって美しい赤色を引き出しているものが多いのが現状です。最高級品はミャンマーのモゴック地区で採れる深みのある赤ワイン色をしたもので、鳩の血の赤色にちなみ「ピジョンブラッド」と呼ばれています。

Q2 人工のルビーがあるってホント？

A ルビーは世界で初めて人工合成法が実用化された宝石です。

1902年にフランスの化学者・ベルヌーイによって開発され、初めて合成法が実用化された宝石です。人工ルビーはレーザー素子などに使われています。

Q3 ルビーの名前の由来は？

A ラテン語で「赤色」を意味する「ルベウス（rubeus）」です。

人との関わりの歴史は古く、古代ギリシャ、古代インドの時代から用いられていました。

★COLUMN2★
鉱物の硬度って何？

＊ダイヤモンドがいちばん硬い！

鉱物の硬さを表す度数を硬度と言います。19世紀初頭に、ドイツの鉱物学者・モースの指標をもとにした「モース硬度」で表示されます。2つの鉱物を引っかき合わせたときのキズを比べて硬軟を決めたもので、10段階あり、1がいちばん柔らかく、10がいちばん硬いとされます。段階ごとに基準となる鉱物が決められています。

柔 ↑ ↓ 硬

1	滑石	(P58)
2	石膏	(P124)
3	方解石	(P133)
4	蛍石	(P128)
5	燐灰石	(P74)
6	正長石	
7	石英	(P110)
8	トパーズ	(P46)
9	コランダム	(P140)
10	ダイヤモンド	(P120)

タジキスタン、アフガニスタン、中国にまたがるパミール高原。紀元前からスピネルが採掘され、世界中の王室に愛されたと言われます。現在はほとんど採掘されていません。

Red 赤
Spinel スピネル

立方晶系

色：赤、無、青、緑、紫、灰黒など	光沢：ガラス	硬度：7½〜8	産地：スリランカ、イタリア、
条痕：白	劈開：なし	比重：3.6	ミャンマーなど

英国王室の「黒太子のルビー」は、実はルビーではありませんでした。

アルミニウムとマグネシウムからなり、純粋な結晶は無色透明ですが、
ほかの元素が入ることで、赤、緑、黒など、さまざまな色になります。
少量のクロムや鉄が入ると赤になり、
中でも透明なものは「ルビースピネル」と呼ばれ、宝石として扱われます。

ルビーと間違われないの？

A 宝石としてカットされると見分けがつきにくくなります。

宝石になると似てしまいますが、ルビーの結晶は六角柱状で、スピネルは八面体。イギリス王室秘蔵の大英帝国王冠の中央を飾る「黒太子のルビー」も長くルビーとされていましたが、実はスピネルでした。

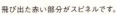
飛び出た赤い部分がスピネルです。

② スピネルの名の由来は？

A 「トゲ」を意味するラテン語から。

結晶の形が八面体で、先が尖って見えます。日本名の「尖晶石（せんしょうせき）」も尖った形から付けられました。

大英帝国王冠。中央に赤く見えるのが、長くルビーと考えられていたスピネル。

鶏冠石は、赤爆と呼ばれる花火の爆発剤に使われていました。

Red 赤 **Realgar 鶏冠石（けいかんせき）**

単斜晶系

| 色：赤〜赤橙 | 光沢：樹脂〜脂肪 | 硬度：1½〜2 | 産地：ドイツ、イタリア、ルーマニアなど |
| 条痕：橙赤 | 劈開：一方向に良好 | 比重：3.6 | |

ちょっとキケンなヒ素の化合物、濃く鮮やかな赤に魅了されます。

ヒ素と硫黄の化合物で、紀元前のギリシャの書物に記載されているほど、古代から知られている鉱物です。
名前は、鶏の鶏冠（とさか）のように濃い赤であることに由来していますが、それは地中から産出したての状態でのこと。
光や湿気に弱く、長く光にさらされると、結晶が変質して黄橙色になり、別の鉱物のパラ鶏冠石に変化してしまいます。

① ヒ素が含まれているから危険？

A 水溶性ではないので、触っても大丈夫です。

酸素と反応して、可溶性のヒ酸塩になっていることもあるので、触った後は手洗いをするなど、取り扱いに注意しましょう。

赤の部分が鶏冠石。白〜灰の部分は方解石（P133）です。

② どんな風に利用されている?

A 中国医学では古くから薬として使われています。

中国では古くから「雄黄（ゆうおう）」という名で薬として知られて、蛇の毒などを消すときに使われていました。

ガーネットの宝石加工技術を生かしたボヘミアングラスは、研磨による美しい装飾が特徴です。

Garnet
ガーネット[石榴石]

立方晶系

色：赤、白、黄緑など	光沢：ガラス	硬度：7〜7½
条痕：白	劈開：なし	比重：3.6〜4.3

産地：スリランカ、アフリカ、マダガスカルなど

宝石「ガーネット」のカット技術は、ボヘミアングラスに受け継がれました。

宝石名はガーネット。
ザクロの種のような結晶の見た目から鉱物名は石榴石と名付けられました。
二十四面体、十二面体など、人の手でカットしたようなきれいな結晶も見られます。
石榴石は、実は1種の鉱物ではなく、
石榴石型と呼ばれる同じ結晶構造（原子配列）を持つ20余りの鉱物種の総称です。
鉄やマンガン、クロムなど、含まれる成分によって、さまざまな色になります。
宝石のガーネットとして、鉄を含んだ濃い赤のアルマンディン（鉄礬石榴石）をはじめ、パイロープ（苦礬石榴石）、スペサルティン（満礬石榴石）、グロシュラー（灰礬石榴石）、アンドラダイト（灰鉄石榴石）、ウバロバイト（灰クロム石榴石）などがあります。

Q ガーネットは昔から人気があるの？

**A イギリスの
ヴィクトリア女王に
愛されたことで有名です。**

19世紀に女王がドーム状に磨いたパイロープを好んだことで、ヨーロッパで流行。当時、産地として有名だったのがチェコのボヘミア地方で、「ボヘミアンガーネット」として高い評価を得ていました。ところが、南アフリカで高品質のパイロープが発見され、ボヘミアの宝石産業は衰退。しかし、宝石のカット技術はガラス工芸に応用され、有名なボヘミアングラスが誕生しました。

赤い部分がガーネット。宝石として、数千年の歴史があります。

中国の殷墟王陵（いんきょおうりょう）遺跡にある司母戊鼎（しぼぼてい）。現存する青銅器の中で、最大かつ最重量の青銅器と言われています。

Copper
自然銅（しぜんどう）

立方晶系

色：銅赤	光沢：金属	硬度：2½	産地：アメリカ、ロシア、オーストラリア
条痕：銅赤	劈開：なし	比重：8.9	

青銅器時代から現代に至るまで、さまざまな用途で使われています。

自然銅は、ほぼ銅だけで構成される元素鉱物です。
塊や樹枝状など結晶群の集合体で見つかることが多くあります。
銅は「あかがね」とも呼ばれ、その色合いは、
金の「こがね」、銀の「しろがね」、鉄の「くろがね」と比べられます。
スズとの合金である青銅は、青銅器時代から現代まで、
貨幣や道具として使われています。

Q ほかにも元素鉱物はある？

A 自然金や自然銀などがあります。

元素鉱物とは、基本的には1種類の元素から構成される鉱物で、自然金（P40）、自然銀（P144）、自然硫黄（P38）、ダイヤモンド（P120）などがあります。

Q 学名の由来はなに？

A キプロス島です。

地中海にあるキプロス島で多く産出していたことにちなんで、ラテン語で「キプロスの金属」という意味の「cuprium」から名付けられました。

鉄は単体として存在することはあまりないですが、銅は自然銅として見つかります。

Rhodochrosite
菱マンガン鉱(りょうこう)

三方晶系

| 色：紅、白、灰、黄褐、ピンク | 光沢：ガラス、真珠 | 硬度：3½〜4 | 産地：アメリカ、カナダ、 |
| 条痕：白 | 劈開：三方向に完全 | 比重：3.5〜4 | メキシコ、ペルーなど |

濃い赤とピンクの縞模様が、まるでバラの花に見えることも。

菱面体（平行六面体）や細長い錐体をはじめ、結晶の形も色も多彩な鉱物です。
「ロードクロサイト（rhodochrosite／バラ色の石）」の名前の通り、
濃い赤やピンクの結晶が有名です。
インカ帝国時代の銀鉱山跡から見つかるアルゼンチン産やペルー産には良品が多く、
赤とピンクの濃淡による縞模様がバラの花に見えるものは、
「インカ・ローズ」と呼ばれ、アクセサリーや置物に加工されます。

赤い部分が菱マンガン鉱です。

Red 赤 Andalusite
紅柱石（こうちゅうせき）

直方晶系

色：ピンク、白、灰、黄、無	光沢：ガラス	硬度：6½〜7½	産地：オーストリア、アメリカ、ブラジル
条痕：白	劈開：二方向に良好	比重：3.1〜3.2	

赤に見えたり、緑に見えたり、色の変化が楽しめます。

アルミニウムのケイ酸塩鉱物で、化学組成は藍晶石（らんしょうせき）（P92）や珪線石（けいせんせき）と同じです。
純粋なら無色ですが、通常は鉄を少し含んで紅色を帯びています。
光に透かすと、見る方向によって色が変わる性質を「多色性（たしきせい）」と呼びますが、紅柱石は、この性質が非常に強く、赤や緑などに変化します。
状態の良いものはカットして、宝石として色の変化を楽しみます。

オレンジ色に見える部分が紅柱石。紅柱石はホルンフェルス（変成岩の一種）によく出土します。

Red 赤

Elbaite
リチア電気石（でんきいし）

三方晶系

色：ピンク、緑、青、橙、黄、無	光沢：ガラス	硬度：7$\frac{1}{2}$
条痕：白	劈開：なし	比重：2.9〜3.1

産地：ブラジル、ロシア、マダガスカルなど

スイカのような色合いのものが、特に人気のある鉱物です。

熱したり、摩擦したりすると電気を帯びる電気石（トルマリン）グループの一員です。
リチウムを含み、1つの結晶の中に、複数の色が現れることもしばしば。
含まれる微量成分の違いで、赤、青、緑、黄色など、さまざまな色が見えます。
色の組み合わせは、結晶の両端で違うこともあれば、断面の外側と中心部で違うことも。
中心がピンクで外側が緑の組み合わせは、「ウォーターメロン」と呼ばれ人気があります。

緑と赤のバイカラーのリチア電気石。色調の変化が3色ならトリカラーと言います。

Cuprite
赤銅鉱(せきどうこう)

立方晶系

| 色：暗赤 | 光沢：ダイヤモンド〜亜金属 | 硬度：3½〜4 | 産地：ロシア、ナミビア、 |
| 条痕：褐赤 | 劈開：なし | 比重：6.2 | コンゴ民主共和国、フランスなど |

美しいものは宝石にもなります。

自然銅などとともに世界の広い範囲で産出する、
銅の重要な鉱石です。
立方体や正八面体の結晶のほか、
結晶が集まった樹枝状や箔状のものも見つかります。
ナミビアやコンゴなどで採掘されるものを中心に、
鑑賞用の宝石として加工されることもあります。

硬度が低いので、装飾品には不向きです。

Pyrargyrite
濃紅銀鉱(のうこうぎんこう)

三方晶系

| 色：深赤 | 光沢：ダイヤモンド | 硬度：2½ | 産地：ドイツ、チェコ、メキシコ、ボリビア、 |
| 条痕：赤 | 劈開：三方向に明瞭 | 比重：5.9 | オーストラリアなど |

まるでルビーのような銀です。

銀、アンチモン、硫黄を主成分とする鉱物で、
銀の重要な資源ともなります。
濃い紅色で金属光沢のある結晶が特徴です。
アンチモンがヒ素に置き換わり、
より透明度が高く、紅色が淡い「淡紅銀鉱(たんこうぎんこう)」とともに、
「ルビー・シルバー」と呼ばれ、
コレクターに人気があります。

空気にさらしていると、色が暗くなります。

薔薇輝石に含まれるケイ素は、陶磁器にも使われます。

Rhodonite
薔薇輝石（ばらきせき）

三斜晶系

色：赤、ピンク、赤紫	光沢：ガラス	硬度：5½〜6½	産地：ブラジル、ペルー、
条痕：白	劈開：二方向に完全	比重：3.6〜3.8	オーストラリア、日本

「輝石」だと思われていましたが、実は「輝石」ではありませんでした。

マンガンの鉱物ですが、鉱石としてマンガンの資源としてはあまり利用されず、バラのような色を生かしたアクセサリーとして加工されることが一般的です。
硬度は低くないのですが、劈開（P31）が完全なため加工時に欠けてしまう危険性があります。
英語名の「ロードナイト（rhodonite）」は、ギリシャ語のバラ「rhodon」から。
岩手県の野田玉川鉱山をはじめ、日本でも各地で産出する鉱物です。

Q1 コレクションするときの注意点は？

A 日光に要注意です。

パワーストーンとしても人気がありますが、日光にさらされると黒っぽく変色しやすいので、保管には注意が必要です。

細かい結晶が集まった塊状で産出するのが一般的です。

Q2 薔薇輝石の輝石ってなに？

A ケイ酸塩鉱物の一種です。
しかし、薔薇輝石は輝石ではありません。

薔薇輝石は、明治時代まで、輝石グループ特有の結晶構造を持つ鉱物の一種と思われていましたが、その後、輝石によく似ているものの、輝石には分類されない準輝石であると分かりました。しかし、和名には輝石が残ったままになっています。

Lepidolite
リチア雲母

単斜晶系

色：紅紫〜白	光沢：真珠、油脂、ガラス	硬度：2½〜4
条痕：白	劈開：一方向に完全	比重：2.8

産地：チェコ、ロシア、スウェーデン、ブラジルなど

レアメタルが取り出せる、ピンク色に輝く雲母です。

トリリチオ雲母とポリリチオ雲母の系列全体を、「リチア雲母」と言い、リチウムを主成分として含んでいます。
わずかに含まれるマンガンの影響で、ピンク色でうろこ状に結晶が集まっているため、「紅雲母」または「鱗雲母」とも呼ばれます。
また、ペタル石やリチア輝石とともに、リチウムの鉱石としても知られます。
リチウムは大容量の充電が可能なリチウムイオン電池のほか、陶器やガラスの添加剤など、幅広く利用されているレアメタル（P127）の1つです。

パイ生地のような層が見えるリチア雲母。

Sphalerite
閃亜鉛鉱(せんあえんこう)

立方晶系

| 色：黄、褐、黒 | 光沢：樹脂、ダイヤモンド | 硬度：3½〜4 | 産地：カナダ、スペイン、ブルガリアなど |
| 条痕：黄、褐 | 劈開：六方向に完全 | 比重：3.9〜4.1 | |

含まれる鉄の量によって色が変わり、亜鉛を得る鉱石として重要な鉱物です。

硫黄と結合している硫化鉱物には、鉱石鉱物が多いのが特徴です。
閃亜鉛鉱も、亜鉛を得るための主要な亜鉛鉱石として知られています。
四面体、十二面体の結晶もありますが、
塊で見つかることが多く、色は純粋であれば無色です。
亜鉛を置き換える微量の鉄が増えるにつれ、
黄色、黄褐色、赤、黒と変わっていきます。
黄褐色のものは、「べっこう亜鉛」と呼ばれています。

鉱石とは、金属が採れる鉱物のこと。

閃亜鉛鉱の結晶。学名は「あざむく」という意味のギリシャ語から名付けられています。方鉛鉱と間違えて鉛を得ようとしても、亜鉛しか得られないからです。

Q
結晶が美しい
鉱物を教えて。

サイコロ状の正六面体だけでなく、正八面体や正十二面体など、黄鉄鉱の結晶の形はさまざま。

A
黄鉄鉱の結晶には、
黄金のサイコロのように
見えるものがあります。

Q 結晶が美しい鉱物を教えて。

 Yellow 黄

Pyrite
黄鉄鉱（おうてっこう）

立方晶系

| 色：真鍮黄 | 光沢：金属 | 硬度：6 | 産地：スペイン、アメリカ、ブラジルなど |
| 条痕：暗緑褐 | 劈開：なし | 比重：5.0 | |

磨いたかのような美しい結晶に糠喜（ぬかよろこ）びしてしまう人が続出しました。

硫黄と鉄が化合した硫化鉱物で、以前は鉄の資源として、また、硫酸の原料として利用されていました。
美しい自形結晶は鉱物愛好家に人気で、正六面体をはじめ、「黄鉄鉱面」とも呼ばれる正十二面体、八面体など、さまざまな結晶の形のものがあります。
あたかも加工され、磨き上げられたような光沢が特徴です。

四角い結晶が黄鉄鉱。黄鉄鉱は硫化鉱物の中では最も硬いため、金槌で叩くと火花が出ます。

Q1 いちばん大きい結晶はどれぐらいのサイズ？

A 世界最大の正六面体の結晶は一辺が21cmです。

ごく小さい1mm角に満たないものから、大きさはさまざまです。同じ母石に六面体と八面体など、異なる形が同居していたり、結晶同士がくっついていたりとバリエーションも豊か。磨いたようにピカピカな面だけでなく、よく見ると条線という細かい筋もあります。

結晶が密集している黄鉄鉱。

Q2 「金」に見えるけど、金と関係があるの？

A 金は含まれていません。

金と間違えられることが多く、見つけて糠喜びすることから「愚者の金」とも呼ばれます。

★COLUMN3★

鉱物の劈開(へきかい)とは

それぞれの鉱物で割れやすさが違います。これは鉱物の原子の結びつきが弱い方向に割れやすくなっているためです。割れ方を数値化することは難しいので、その程度を「完全」「明瞭」「良好」「不明瞭」など区分して表します。産業に利用する際や宝石に加工するときも、この性質は無視できません。鉱物の種類を見分ける1つの手がかりにもなります。

①：一方向に完全（雲母など）
②：二方向に完全（輝石など）
③：三方向に完全（岩塩など）
④：四方向に完全（蛍石など）
⑤：六方向に完全（閃亜鉛鉱の仲間）
⑥：劈開なし（石英など）

Q
鉱物で有名な建築を教えて。

ロシアのエカテリーナ宮殿にある琥珀の間は、第二次世界大戦で一度失われてしまったが、数十年の歳月を経て2003年に復元されました。

A
エカテリーナ宮殿にある「琥珀の間」は部屋全体が琥珀で装飾されています。

Q 鉱物で有名な建築を教えて。

Amber
こはく
琥珀

非晶質

| 色：黄、茶褐～赤褐 | 光沢：樹脂 | 硬度：2～2½ | 産地：バルト海沿岸地域、 |
| 条痕：白 | 劈開：なし | 比重：1.1 | ドミニカ共和国など |

命の姿を数千万年にわたり封じ込める、古代からのプレゼントがあります。

数百万年から数億年前の松や杉などの樹液が固まって、
地中で化石になったものが琥珀です。
琥珀は数種の有機化合物から成りますが、
地質的な経過を経て生じた固体なので鉱物の集合体として扱われます。
古くから宝石として用いられ、旧石器時代の遺跡からも琥珀玉が見つかっています。

琥珀は融点が低いので、加熱し続けると軟化して融け、冷却すると再び固化する性質を持っています。

① 琥珀の中でも人気があるのは？

A 虫入り琥珀です。

琥珀の内部に、ハエやアリなどの昆虫や木の葉が入ることがあり、総称して「虫入り琥珀」などと呼ばれます。アクセサリーなどとして人気があるだけでなく、きれいな状態で昆虫などの姿が保存されるので、古生物の学術資料としても重要な意味をもっています。

一般の琥珀よりも虫入り琥珀の方が希少です。

② 何年経つと、琥珀になるの？

A 数万年程度では琥珀とは呼べません。

数万年前程度のものは完全に化石化していないため、脆くて壊れやすく、「コーパル」と呼ばれます。琥珀になるには数百万年はかかります。

③ 琥珀が香料としても使われるってホント？

A 熱したときの香りが好まれています。

日本の代表的な産地、岩手県久慈市で採れる琥珀は、「薫陸香（くんのこ）」と呼ばれ、お香として使われています。

★COLUMN4★

鉱物のさまざまな性質

きれいなもの、役に立つもの、危険なもの…。鉱物には形や色以外にもさまざまな性質があります。

①：紫外線を当てると光るもの

紫外線を当てると光を発する鉱物があります。この光を「蛍光（けいこう）」と言います。中には紫外線を当てるのをやめても光り続けるものもあり、この光を「燐光（りんこう）」と呼びます。

②：磁性をもつもの

磁性をもつかどうかで鉱物を見分ける方法もあります。小さな磁石をひもにつけて鉱物に近づけて調べます。強い磁性を持つ鉱物には、鉄かコバルトかニッケルなどが含まれています。

金紅石は針状結晶がブロンドの髪のように見えることから「天使の髪」や「ヴィーナスの髪」とも呼ばれています。写真はイタリアの画家、ボッティチェリの「ヴィーナスの誕生」。

Rutile
金紅石（ルチル）
きんこうせき

正方晶系

色：黄、赤、褐、黒	光沢：ダイヤモンド～金属	硬度：6～6½	産地：シエラレオネ、イタリア、
条痕：淡黄	劈開：一方向に明瞭	比重：4.2	フランス、スウェーデンなど

黄褐色や黄金色の結晶が、太陽のように見えるルチルがあります。

チタンを採るための重要な鉱石が金紅石です。
通常、結晶は柱状ですが、粒状や塊状、針状なども見られます。
純粋な結晶は無色ですが、微量成分により、赤褐色や黒、青などさまざまな色となります。
学名の「ルチル（rutile）」は、紅色を意味するラテン語「rutilus」に由来します。
放射状に成長した「太陽ルチル」が人気です。

① 太陽ルチルって？

A 輝く太陽のように見える金紅石の結晶の集合です。

板状の赤鉄鉱をベースに、黄褐色や黄金色の金紅石の結晶が放射状に伸びたものです。

② 変わった特徴は？

A 水晶の中に取り込まれます。

金紅石の針状の結晶が、水晶の結晶の中に取り込まれることがあります。「針入り水晶（ルチルクォーツ）」と呼ばれ、珍しい装飾品として人気があります。

針入り水晶。金色の針のような部分が金紅石です。

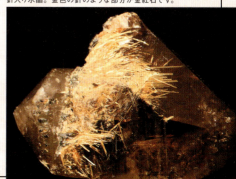

エチオピアのダロル火山には、辺り一面が硫黄や酸で覆われて、黄色くなった景色が広がっています。

Sulphur
自然硫黄(しぜんいおう)

直方晶系

色：黄	光沢：樹脂〜脂肪	硬度：1½〜2½	産地：アメリカ、カナダ、イタリア、日本など
条痕：白	劈開：なし	比重：2.1	

火山国である日本の歴史とともにすでに8世紀の書物に登場しています。

自然硫黄は、ほぼ元素の硫黄だけで構成される元素鉱物です。
天然の鉱物であることを示すため、元素名の前に「自然」を付けて区別します。
火山から噴出される硫黄化合物を含むガスが冷えることで生成されるため、
火山の噴気孔付近で黄色い塊や八面体の結晶が集まった状態で見つかります。
日本での産出量は多いものの、時間をかけて冷える環境が少なく、
大きい結晶に成長することは稀です。

日本での採掘の歴史は？

A 8世紀の『続日本紀(しょくにほんぎ)』で朝鮮への献上品として登場します。

鉄砲の伝来により火薬の材料として、明治期にはマッチの材料として硫黄の需要が高まると、硫黄鉱山が急激に開発されました。昭和20年代には化学工業の重要な原料として需要のピークを迎えますが、その後、石油精製の脱硫工程による副産物の硫黄に取って代わられ、昭和40年代には硫黄鉱山はすべて閉山になりました。

自然硫黄は固体では無臭ですが、燃えると臭気を発します。

ツタンカーメンの墓から見つかった黄金のマスク。23金の純度の高い金で作られ、表面は18〜21金がごくうすく塗られています。

Gold
自然金
しぜんきん

立方晶系

| 色：黄金 | 光沢：金属 | 硬度：2½ | 産地：南アフリカ、ロシア、ブラジルなど |
| 条痕：黄金 | 劈開：なし | 比重：19.3 | |

ツタンカーメンも、マルコポーロも、魅了された輝きがあります。

粒状、紐状、箔状、樹枝状などの形で産出し、
正六面体、正八面体、正十二面体などの結晶が見られることもあります。
堆積物の中から砂金として見つかることもあります。
ほとんど化学反応しないため、変質しにくく、純粋な輝きが保たれ、
しかも、加工しやすいので、古くから装飾品に重用されてきました。
また、電気伝導性にも優れ、携帯電話などさまざまな機器に利用されています。

① 「黄金の国ジパング」と日本が呼ばれたのはなぜ？

A 『東方見聞録』で紹介された、中尊寺金色堂がきっかけです。

ヴェネツィア共和国の商人で冒険家のマルコ・ポーロが、ヨーロッパへアジア諸国を紹介した旅行記『東方見聞録』の中で、岩手県の中尊寺金色堂を紹介したためだと言われてます。

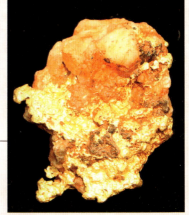

自然金は、銀を含んでいることが多くあります。

② 金を見分ける方法は？

A 硬さと条痕色から判別できます。

硬度が低く、変形しやすいことや、条痕色（こすりつけたときの色）が黄金色を保つことで、黄鉄鉱（P28）などと区別ができます。金の真贋（しんがん）や品位を見極めるためにこすりつける石を「試金石」と言います。

イタリアのストロンボリ島にある活火山ストロンボリ山。天然の黄水晶は紫水晶がマグマなどの熱干渉を受けて黄色に変化したものです。

Citrine
黄水晶 [石英]
きすいしょう　せきえい

三方晶系

| 色：黄、茶褐 | 光沢：ガラス | 硬度：7 | 産地：ブラジル、アメリカ、ウルグアイ、ロシア |
| 条痕：白 | 劈開：なし | 比重：2.7 | |

美しい黄色をした水晶、天然モノはとても希少です。

地球で最もありふれた鉱物の1つ、石英。
結晶の形が明瞭で、透明な石英は「水晶」と呼ばれます。
色つきの水晶もあり、黄水晶（シトリン）のほかには、紫水晶（アメジスト）をはじめ、
煙水晶（スモーキークォーツ）、紅水晶（ローズクォーツ）などが知られています。
加熱処理などを施さなくても美しい黄色のシトリンは、希少な水晶です。

① 購入するときに気をつけることは？

A 天然のシトリンを見極めましょう。

紫水晶に熱を加えることで黄色く変色させることができ、紫水晶を加熱処理したものが出回っています。

熱処理品に注意して！

② 黄水晶の中でも珍しいのは？

A マディラシトリンです。

深いオレンジ色のマディラシトリンは、ふつうのシトリンよりも希少価値が高く、高値で取引されます。

ふつうのシリトン。形が良いものが少ないことも希少な水晶と言われる理由です。

石黄に含まれているヒ素は、ヒ化物に姿を変えて赤やオレンジの発光ダイオードに使われています。

Orpiment
石黄
せきおう

単斜晶系

| 色：黄〜褐黄 | 光沢：樹脂 | 硬度：1½〜2 | 産地：アメリカ、スイス、ロシア、ペルーなど |
| 条痕：淡黄 | 劈開：一方向に完全 | 比重：3.5 | |

黄金色に輝いて見えるのは、高い屈折率のおかげです。

石黄はヒ素と硫黄の化合物です。
同じくヒ素の硫化物である鶏冠石（P14）と一緒に産出することが多いため、
中国では鶏冠石を「雄黄（ゆうおう）」、石黄を「雌黄（しおう）」と雌雄を付けて呼び、
中国医学では古くから、薬として使用しています。
日本では、明治時代に、石黄の方を「雄黄」としたため、
混乱し、これらの呼称はされなくなりました。

① 鮮やかな黄色の使い道は？

A 顔料として使われました。

学名の「オーピメント（orpiment）」は「金色の顔料」の意のラテン語。ヒ素の毒性が問題となるまでは顔料として利用されました。

石黄の結晶。

② キラキラ輝いて見えるのはなぜ？

A 屈折率が高いためです。

透明な物質の反射率は、屈折率と深く関わっています。石黄の屈折率は空気よりも著しく高いため反射率も高く、黄金に輝いて見えます。しかし光に弱く、長い間、光にさらすと表面がくもり、透明感が失われます。

トパーズは、花崗岩や流紋岩といった高温で蒸気の圧力に富んだ条件で採れます。トパーズの色は、フッ素の含み具合で色が変わると言われています。

 Topaz
トパーズ

直方晶系

| 色：無〜黄、橙黄、ピンク、青など | 光沢：ガラス | 硬度：8 | 産地：パキスタン、アメリカ、 |
| 条痕：白 | 劈開：一方向に完全 | 比重：3.4〜3.6 | ブラジル、メキシコなど |

11月の誕生石の名前の由来は、ギリシャ語で「探し求める」。

無色のほかに、黄、ピンク、赤、オレンジ、茶、緑、青、紫と、
トパーズには、さまざまな色合いの結晶があります。
トパーズの色には、主成分のフッ素を含む度合が関わっているという説があります。
シェリー酒のようなオレンジがかった色の「インペリアルトパーズ」が
最高級とされ、人気があります。

ほかに人気があるカラーは？

A ピンクトパーズです。

パキスタン産が有名で、黄褐色の石を加熱してピンクにすることもできます。
ブルートパーズの多くは、放射線照射による着色です。

② トパーズの名前の由来は？

A ギリシャ語で「探し求める」です。

探し求めた場所は、紅海の島（現在のザバルガート島、英名セントジョーンズ島）とされています。この島はペリドット（P50）の産地として有名。かつては現在ペリドットと呼ばれる石がトパーズとされていた時代もあります。

結晶の姿が石英（P42、108、110）に似ていますが、トパーズの方が硬度が高く、結晶の長辺と垂直方向に劈開があることで見分けられます。

Mimetite
ミメット鉱

六方晶系

色：黄橙、緑、白	光沢：樹脂	硬度：3½〜4	産地：アメリカ、イギリス、フランス、ドイツなど
条痕：白	劈開：なし	比重：7.3	

「似たもの」が学名になった、
緑鉛鉱に似た黄色の結晶です。

ミメット鉱は、鉛を採掘する鉱床に見られ、黄鉛鉱とも呼ばれます。
結晶は六角の柱状で、中央が膨らんだビア樽のような形になります。
これは一緒に採掘されるリン酸塩の緑鉛鉱（P72）とよく似た特徴です。
そのため、ギリシャ語でイミテーションを意味する言葉に由来する、
「Mimetite」という学名が付けられました。
ミメット鉱は、緑鉛鉱と同じくアパタイト（燐灰石）型の結晶構造で、
緑鉛鉱のリンをヒ素に置き換えた同類の鉱物です。

黄色い粒状の結晶が
ミメット鉱です。

Diopside
透輝石（とうきせき）

Green 緑

単斜晶系

色：緑、無	光沢：ガラス	硬度：5½〜6½	産地：アフガニスタンなど
条痕：白〜淡灰緑	劈開：二方向に明瞭	比重：3.3	

マグネシウムが多いか、鉄が多いかで別の鉱物になります。

カルシウムとマグネシウムを主成分とする輝石の仲間です。
しばしば微量の鉄を含み、
緑色で透明感のある板状や柱状の結晶になります。
マグネシウムの半分以上が鉄に置き換わると、
黒に近い暗い緑になり、別の鉱物に区別されます。
鉄とマグネシウムのどちらが多いかによって、
準輝石か灰鉄輝石になるかが決まります。

緑色の結晶が透輝石です。鉄が増えると、黄緑色から暗い緑色に変化します。

左側に見えるドイツの世界遺産ケルン大聖堂には、200カラットを超える大きなペリドットが飾られています。

Q 世界史に登場する有名な鉱物を教えて。

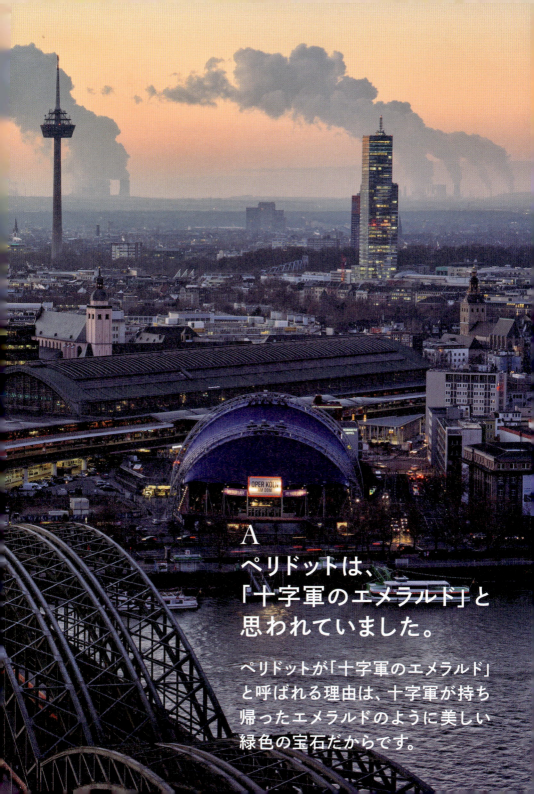

A
ペリドットは、「十字軍のエメラルド」と思われていました。

ペリドットが「十字軍のエメラルド」と呼ばれる理由は、十字軍が持ち帰ったエメラルドのように美しい緑色の宝石だからです。

Peridot [Forsterite]
ペリドット［苦土橄欖石（くどかんらんせき）］

直方晶系

| 色：オリーブ緑〜淡黄 | 光沢：ガラス | 硬度：7 | 産地：アメリカ、パキスタン、 |
| 条痕：白 | 劈開：一方向に明瞭 | 比重：3.3 | メキシコ、エジプト |

Q 世界史に登場する有名な鉱物を教えて。

エジプト王朝にも献上された、オリーブ色をした宝石です。

ペリドットは、苦土橄欖石（マグネシウムの多いオリビン）の宝石名です。オリビンは、地球の表面を覆う地殻の下にあるマントルの主な構成鉱物。純粋な結晶は無色透明ですが、通常はマグネシウム（苦土）の一部が鉄に置き換わり、オリーブのような黄緑色をしています。

玄武岩にできた苦土橄欖石。玄武岩などの、マグマが冷えてできた岩石にできることが多い鉱物です。

Q1 4000年以上前から採掘されていたってホント?

A 古代エジプトでは「太陽の石」と呼ばれていました。

アラビア半島とアフリカの間に位置する紅海に浮かぶザバルガード島(セントジョーンズ島)は良質な結晶の産地で、採れたペリドットは、「太陽の石」として、エジプト王朝にも献上されていました。ただ、当時は、トパーズ(P46)として扱われていたと伝えられています。

Q2 「苦土オリーブ石」って書いてある本もあるけど違うもの?

A 両方の表記が使われます。

「オリビン」はオリーブの実の意味。明治時代の学者がオリーブを別の植物「カンラン(橄欖)」と誤解して、誤訳されたことが原因です。「苦土」はマグネシウムのことです。マグネシウムよりも鉄の方が多いオリビンは、鉄オリーブ石(鉄橄欖石)と呼ばれます。苦土オリーブ石の学名は、イギリスの鉱物収集家A.J.Forsterにちなんでいますが、ドイツ語読みの「フォルステリット」と英語読みの「フォースターライト」が混ざって「フォルステライト」と日本独自の外来語的に呼ばれることもあります。

★COLUMN5★ 結晶系

基本となる原子配列が繰り返されることで、鉱物それぞれの特徴のある形(自形)になります。その形は7種類の結晶系に深く関わりがあります。

立方晶系	結晶軸3本がすべて同じ長さで、すべて90度に交わる。	直方晶系	結晶軸3本の長さはすべて異なり、すべて直角に交わる。
正方晶系	3本ある結晶軸のうち1本だけ違う長さで、すべて直角に交わる。	単斜晶系	結晶軸3本の長さはすべて異なり、2か所だけで直角に交わる。1か所は90度でない。
六方晶系	3本ある結晶軸のうち1本だけ違う長さで、その1本と他の2本は直角に交わり、同じ長さの2本の結晶軸は120度で交わる。	三斜晶系	結晶軸3本の長さはすべて異なり、交わる角度もすべて直角ではない。
三方晶系	3本の結晶軸の長さは同じで、軸同士が作る角度は同じだが、90度ではない。	非晶質	結晶と違って、原子配列が不規則で乱れた配列をしている。

Q
山で採れる鉱物で
とくに美しいものは?

ロシアのウラル山脈。
ここでは建築材料に
できるほど大きな孔
雀石が産出します。

A
ロシアのウラル山脈では
孔雀石(くじゃくいし)が採れます。

Q 山で採れる鉱物でとくに美しいものは？

Malachite
孔雀石(くじゃくいし)

単斜晶系

色：緑	光沢：ダイヤモンド、絹糸、土状	硬度：3½〜4	産地：コンゴ、アメリカ・アリゾナ州、ナミビアなど
条痕：淡緑	劈開：一方向に完全	比重：4.0	

美を飾る化粧品の1つとして、クレオパトラも愛用していました。

孔雀石は、黄銅鉱(おうどうこう)など、銅を主成分とする鉱物が、地表や地表付近で二酸化炭素と反応してできます。
鮮やかな緑は、銅の化合物独特のもの。
ぶどう状に細かい結晶が集まることがあり、その断面を磨くと、クジャクの羽根の目の模様のような緑色の縞模様が現れます。

学名のmalachite（マラカイト）は、ゼニアオイの葉の色に似ていることから名付けられています。

Q1 装飾品以外にも利用されているの？

A 日本画には欠かせない顔料です。

粉末にして細かさを整えたものは、顔料として使われています。日本画では、孔雀石を作った顔料は、「岩緑青（いわろくしょう）」と呼ばれ、現在も欠かせません。和歌において、「奈良」にかかる枕詞にもなっている「青丹（あおに）」は、緑みのある土の色を指していますが、この色合いの元は孔雀石とも言われ、緑色の顔料である岩緑青そのものを意味する場合もあります。

Q2 いつごろから使われているの？

A 3000年以上前から利用されています。

銅を採るための鉱石として古くから利用され、クレオパトラがアイシャドーとして使っていたとも言われています。

Q3 「孔雀石の間」があるってホント？

A ロシアのエルミタージュ美術館にあります。

「孔雀石の間」には、ロシアのウラル山脈で採掘された、約2トンの孔雀石が、柱や調度品などに使われています。

★COLUMN6★
権力者に愛された宝石

宝石の歴史は古く、紀元前3000年のメソポタミア文明のころには作られていたと言われています。美しい宝石は観賞用だけではなく、魔除けのような力があると信じられ大切にされ、エジプトの王や王妃はトルコ石（P82）やラピスラズリ（P98）の装飾品を身につけていました。第18代ファラオのツタンカーメンの墓からはさまざまな宝石をあしらった黄金のマスクが見つかっています。日本でも、縄文時代からひすいが重んじられていました。古代大和朝廷の曽我遺跡からはひすい（P66）や水晶（P42、108、110）、琥珀（P32）などの加工をしている玉造工房の跡が発見され、古くから宝石を大切にしていたことが分かります。

ラピスラズリで作られた女神のペンダント。
ファラオの墓に祀られていました。

Talc
滑石（かっせき）

色：淡緑〜白〜褐	光沢：真珠	硬度：1
条痕：白	劈開：一方向に完全	比重：2.8

 三斜晶系   単斜晶系

産地：ロシア、オーストリア、スイス、フランスなど

すべすべ触感が特徴の
やわらかい鉱物の代表です。

葉蝋石（ようろうせき）・滑石グループに属する、マグネシウムを主成分とした鉱物です。
普段は白色ですが、マグネシウムを置換する微量の鉄によって、緑色になることがあります。
モース硬度1の指標鉱物で、非常にやわらかく、
結晶でも粉体でもすべすべした感触をしています。
塗料、合成樹脂、ゴムなどの工業原料をはじめ、
化粧品や医薬品に使われています。

微量に鉄によって緑色になった滑石。葉蝋石(P76)のように葉片状の結晶が現れることもあります。

Chrysoberyl
きんりょくせき
金緑石

直方晶系

色：緑、緑褐、黄	光沢：ガラス	硬度：8½
条痕：白	劈開：一方向に明瞭	比重：3.8

産地：ロシア、インド、スリランカ、ブラジルなど

磨けば磨くほど、特性が高まります。

> アレキサンドライトは、太陽光で緑に、電灯光で赤に変色します！

ベリリウムとアルミニウムの酸化鉱物です。結晶は板状で硬度が高く、微量に含まれる鉄により黄色から黄緑色となり、黄緑色で透明のものは宝石として扱われます。
研磨することでキャッツアイ効果（シャトヤンシー）が顕著になり、猫の目のような一条の光が現れる「キャッツアイ（猫目石）」や、変色効果をもつ「アレキサンドライト」は金緑石の変種で、希少価値があります。

金緑石の学名は「クリソベリル」。ベリルは「黄金の」という意味のギリシャ語です。

翠銅鉱は、ケイ酸塩鉱物に分類されます。その元になるケイ素は窓の素材に用いられています。写真は、スペインのビルバオ・グッゲンハイム美術館。美しい天窓で有名です。

Dioptase
翠銅鉱（ダイオプテーズ）
すいどうこう

三方晶系

| 色：緑 | 光沢：ガラス | 硬度：5 | 産地：カザフスタン、ロシア、ナミビア |
| 条痕：緑 | 劈開：三方向に完全 | 比重：3.3〜3.4 | |

エメラルドに匹敵する美しい翠色ですが、宝石になることは少ない鉱物です。

翠銅鉱の結晶は粒状や柱状や菱面体で、透明または半透明の鮮やかな深い緑色です。少し大きな塊になると、まったく光を通さなくなるほどの深い色合いになり、1785年にカザフスタンで発見された際は、エメラルドと間違えられました。その後、エメラルドとは成分が異なることが分かり、「ダイオプテーズ（Dioptase）」と名付けられました。

Q1 「ダイオプテーズ」の意味は？

A ギリシャ語で「透かして見える」。

翠銅鉱の透明な結晶を透かすと、劈開（P31）の方向が分かるため、この名前が付きました。

緑色の結晶が翠銅鉱です。方解石、石英、珪孔雀石（けいくじゃくせき）などと共生することが多くあります。

Q2 翠銅鉱は宝石にもなるの？

A 宝石になることは少ない鉱物です。

硬度が5と低く、割れやすいので、宝石にカットするのが難しく、取り扱いも難しいため、あまり宝石にはなりません。観賞用の美晶標本として多く出回っています。

島根県・美保関町の夕日。
美保関町では、ぶどう石
が見つかっています。

Green 緑

Prehnite
ぶどう石（プレーナイト）

直方晶系

| 色：淡緑、緑、黄、白 | 光沢：ガラス、真珠 | 硬度：6～6½ | 産地：南アフリカ、フランス、 |
| 条痕：白 | 劈開：一方向に良好 | 比重：2.8～2.9 | ドイツ、インドなど |

みずみずしい色は、
美味しそうなマスカットのようです。

ぶどう石は、カルシウムとアルミニウムのケイ酸塩鉱物です。
球状やぶどう状に結晶が集合するので、
その様子から明治の鉱物学者が「ぶどう石」の名を付けました。
黄や白など、さまざまな色が見られますが、
ぶどうを連想させるマスカットグリーンも多く、名前のイメージを裏切りません。
マスカットのような薄緑色は、含まれるアルミニウムの一部が鉄に置き換えられて現れます。

 ぶどう石は宝石にもなる？

 透明度の高いものは宝石になります。

ドーム状にカット（カボション・カット）されて宝飾品になります。ネコの目のような光の筋が見える「キャッツアイ効果」がある場合は、さらに貴重です。パワーストーンとしても人気があり、学名「プレーナイト(Prehnite)」で紹介されることもあります。ちなみに学名は、ぶどう石の発見者であるオランダのプレーン大佐の名前に由来します。

ぶどう石は、変成岩、変質した火成岩、花崗岩ペグマタイトの中などに現れます。

インドのデカン高原は魚眼石の産地。火山岩の隙間に、さまざまな鉱物と一緒に見つかります。

Green 緑
Apophyllite
魚眼石（ぎょがんせき）

正方晶系

直方晶系

色：淡緑、無〜白、淡黄、淡ピンク、淡青	光沢：ガラス、真珠	硬度：5	産地：アイスランド、イタリア、ドイツ、フィンランド、インドなど
条痕：白	劈開：一方向に完全	比重：2.4	

火山の産物に"魚の眼"？
学者の想像力を引き出した「白」です。

魚眼石は、火山岩の隙間などで見つかる鉱物です。
普通は無色ですが、微量の成分が入ることで、薄い緑色や淡いピンクになったりします。
特定の方向から見ると、真珠のようなギラッとした光沢があり、
そこから魚の眼がイメージされて魚眼石という和名が付けられました。
魚眼石は主要成分の違いにより3種の鉱物に分類されます。

 魚眼石を分類する3種の鉱物って？

 魚眼石グループと呼ばれます。

カリウムを主成分とするフッ素魚眼石と水酸魚眼石、それにナトリウムを主成分とするソーダ魚眼石の3種の鉱物を魚眼石グループと呼びます。ほとんどはフッ素魚眼石なので、魚眼石と言えば、フッ素魚眼石と考えても差し支えありません。ソーダ魚眼石は、岡山県から新種として発見されました。

 学名「アポフィライト」の由来は？

A 加熱したときの性質から付けられました。

「apo」は離れる、「phylion」は葉の意。熱を加えると、薄く葉っぱのように剥がれることが名前の由来です。

ソーダガラスのような緑色の魚眼石。

新潟県糸魚川で採れるひすい。中央の緑色の石だけでなく、その周りの白い石や薄紫の石もひすいです。写真は、フォッサマグナミュージアム提供のイメージです。

Jadeite
ひすい輝石

単斜晶系

色：緑、白、青 　　光沢：ガラス 　　硬度：3.2〜3.4 　　産地：ミャンマー、グアテマラ、日本など
条痕：白 　　劈開：二方向に明瞭 　　比重：6〜7

本物のひすいは、
この鉱物からできています。

ナトリウムとアルミニウムを主成分とする輝石グループの鉱物で、
微細な針状結晶が集合した緻密な塊をつくると、極めて堅牢な岩石になります。
ひすいは「硬玉」や「ジェード」と呼ばれることがあります。
硬玉は、「軟玉」とも呼ばれるネフライトと区別されます。
また、ジェードは硬玉や軟玉のみならず、さまざまな石の総称です。

Q1 日本で最初にひすいを加工したのはだれ？

A 約5000年前、新潟県の糸魚川の
ひすい輝石を用いた縄文人です。

世界最古の人間とひすい輝石の関わりだと言われています。しかし、奈良時代以降
ひすい輝石は利用されなくなり、糸魚川で産出されることが忘れ去られ、明治初期まで
日本の遺跡から出土するひすいは、大陸から持ち込まれた物だと考えられていました。

Q2 ひすいの色は
どうやって決まるの？

A 含有する微量成分で決まります。

純粋なひすい輝石は無色ですが、
微量の鉄やクロムを含むと緑色に、
鉄やチタンを含むと紫色になります。

よく知られた緑色のほかに、紫や
青などさまざまな色があります。

Q
権力者に古くから愛された宝石ってなに？

緑色の六角柱状の結晶がエメラルドです。周りの結晶は方解石です。

A
エメラルドです。

クレオパトラやカエサルなど、古来より権力者に宝石や薬として重宝されました。

> Q 権力者に古くから愛された宝石ってなに？

Green 緑

Emerald [Beryl]
エメラルド [緑柱石]

六方晶系

色：緑青、緑	光沢：ガラス	硬度：7½〜8
条痕：白	劈開：なし	比重：2.6〜2.8

産地：コロンビア、ザンビア、ジンバブエなど

クレオパトラも愛した「宝石の女王」、高貴な緑色がトレードマークです。

ベリリウム、アルミニウム、ケイ素を主成分とする緑柱石が、微量成分を含むとさまざまな色に発色することがあります。特に、クロムやバナジウムを含んで、やや青みがかった濃い緑をしている緑柱石のうち、宝石としての品質を備えたものはエメラルドと呼ばれます。

緑色で柱状の結晶がエメラルド。

Q1 アクアマリンも同じ鉱物？

A 同じです。鉱物学的には同じ緑柱石に分類されます。

アクアマリン。含まれる成分によって宝石の名前が変わるのは、鉱物によくあることです。

緑柱石は、含まれる微量成分の元素によって色が異なり、宝石としての名前も変わります。鉄（Fe^{2+}）を含む淡い水色の緑柱石がアクアマリンです。エメラルドに比べ、透明度の高い大きな結晶が見つかるため、気軽に買える宝石です。ちなみに、微量成分が三価の鉄（Fe^{3+}）の場合は黄色（ヘリオドール）に、マンガンの場合はピンク（モルガナイト）になります。

Q2 「宝石の女王」と呼ばれるのはなぜ？

A クレオパトラが愛用したと伝えられているからです。

富と権威の象徴とされ、ダイヤモンド（P120）、ルビー（P8）、サファイア（P94）と並んで、四大宝石の1つに数えられています。

Q3 エメラルドはどこで採れるの？

A コロンビア、ザンビア、ジンバブエが主な産地です。

現在は南米コロンビアで最も多く産出され、産出量の約6割を占めています。宝石になる原石の多くは、黒雲母片岩などの高温高圧の変成岩の中で生まれます。

★COLUMN 7★
鉱物ができる場所

火山噴火や地震と深い関係があります

鉱物の多くは、高温のマグマや地下水がゆっくりと冷やされ、結晶となって成長します。地中の深いところで成長するため、私たちが直接見ることは困難です。しかし、地盤のプレートが動いたり、マグマが上昇したりすることで地表近くに移動し、それを掘ることで、鉱物を手に取ることができるのです。

ステンドグラスを組み上げるときに使う枠には、鉛が使われています。鉛は、緑鉛鉱の主成分です。

Pyromorphite
緑鉛鉱(りょくえんこう)

六方晶系

色：緑、褐、黄	光沢：樹脂	硬度：3½	産地：アメリカ、カナダ、メキシコ、ドイツ、
条痕：白	劈開：なし	比重：7.0	オーストラリア、中国

結晶は、中央部分が膨らんだビア樽のような形をしています。

産業の発展に欠かせなかった金属の鉛。
緑鉛鉱は、鉛鉱床の主要鉱物「方鉛鉱(ほうえんこう)」が変質してできた二次鉱物です。
結晶は、深い緑や鮮やかな緑に加え、黄緑、黄色、褐色になることがあります。
結晶の形は燐灰石(りんかいせき)グループの鉱物に共通する六角の柱状。
ときに、結晶の中央部分が少し膨らんで、ビア樽のようなユニークな形になります。

 緑鉛鉱はどのように利用されるの？

A 鉱石としてはほとんど利用されません。

鉛の多くは方鉛鉱から取り出されています。緑鉛鉱は鮮やかな緑色のものをはじめ、標本としては人気があります。

 黄色でも緑鉛鉱？

A 微量成分の混じり具合によっては、黄色くても緑鉛鉱に分類されます。

黄色い方鉛鉱の二次鉱物と言えば、ミメット鉱（黄鉛鉱／P48）が挙げられます。緑鉛鉱に含まれるリンがヒ素で置換されたものが、ミメット鉱です。

緑鉛鉱は熱で溶けると球状になり、冷えると結晶の形になります。この性質から、「火」と「形」を意味するギリシャ語が学名に当てられています。

Apatite
燐灰石
りんかいせき

Green 緑

六方晶系

色：緑、青、無、白、灰、黄、ピンクなど	光沢：ガラス	硬度：5	産地：メキシコ、アメリカ、カナダ、
条痕：白	劈開：なし	比重：3.1〜3.2	ロシア、ポルトガル、ナミビア

岩石の副成分として含まれ、
骨や歯の主成分と同質のものも。

燐灰石は、火成岩・堆積岩・変成岩のいずれの岩石でも副成分として含まれる造岩鉱物です。フッ素燐灰石、水酸燐灰石、緑鉛鉱など、同じ結晶構造の18種類からなる鉱物のグループです。燐灰石グループでも、フッ素燐灰石の産出量が圧倒的に多く、グループを代表する存在。フッ化物イオンよりも、水酸化物イオンが多い水酸燐灰石は、人間をはじめとする動物の骨や歯の主成分と同質です。水酸燐灰石の合成物は、人工骨や入れ歯などに使われています。

緑色に見える部分が燐灰石。学名のアパタイトは「惑わす」を意味するギリシャ語からきています。さまざまな色の燐灰石が存在する上に、見間違えてしまうような鉱物が多いからです。

Brochantite
ブロシャン銅鉱（どうこう）

単斜晶系

色：濃緑、淡緑	光沢：ガラス	硬度：2.5〜4
条痕：緑	劈開：一方向に完全	比重：4.0

産地：モロッコ、チリ、アメリカ、ロシアなど

孔雀石とそっくりでも、酸には強い鉱物です。

> 鉱物名はフランスの鉱物学者ブロシャンに由来します。

銅鉱石の分解でできた二次鉱物で、針状や毛状の結晶が放射状に集合した状態が多く見られます。緑の美しい柱状結晶となることもありますが、一緒に産出する鉱物には似たものも多く、特に孔雀石とはそっくりです。孔雀石は塩酸をかけると発泡して溶けますが、ブロシャン銅鉱は泡を出さずに酸に溶けるので容易に区別できます。

ブロシャン銅鉱は、植物のような不思議な形状をしています。

Pyrophyllite
葉蝋石(ようろうせき)

単斜晶系

三斜晶系

色：淡緑、白　　光沢：真珠　　硬度：1〜2　　産地：アメリカなど
条痕：白　　劈開：一方向に完全　　比重：2.8

まるでロウソクのような、スベスベした独特の手触りです。

蝋のように半透明でやわらかい岩石をまとめて「蝋石(ろうせき)」と呼びます。
葉蝋石、カオリナイト、ダイアスポア、コランダム(P140)、絹雲母(セリサイト)、明ばん石などで構成されていて、耐火煉瓦やガラス繊維などの原料や、石筆(せきひつ)と呼ばれる筆記具に使われています。
葉蝋石はアルミニウムの層状ケイ酸塩鉱物で、熱すると葉っぱのように薄くはがれるのが特徴です。そのため、学名は「火(pyro)」と「葉(phullon)」から付けられました。
窯業原料のほか、彫刻や印鑑の素材としても利用されます。

花の模様のように見える部分が葉蝋石です。熱水鉱脈や熱水変質岩の中で見つかります。

Sodalite
方ソーダ石(ほうソーダせき)

Blue 青

立方晶系

| 色：青、無、白、黄、緑、赤など | 光沢：ガラス、油脂 | 硬度：5½〜6 | 産地：ロシア、カナダ、アメリカ、 |
| 条痕：白 | 劈開：なし | 比重：2.3 | インド、ナミビア、イタリア、など |

ラピスラズリを構成する青い石、ときには黄色の蛍光を発します。

1806年にグリーンランドで発見され、ナトリウム、アルミニウム、ケイ素を主成分として含みます。ナトリウムは曹達(ソーダ)とも呼ばれ、英語の「sodium」から名前が付けられました。
無色(白色)、黄色、緑、青などさまざまな色のものがありますが、
青色の方ソーダ石は青金石などとともに、
ラピスラズリ(P98)を構成する鉱物でもあります。
暗めの青色の鉱物でも、ブラックライト(紫外線)を当てると黄色の蛍光を発します。
また、「ハックマン石」と呼ばれる方ソーダ石の亜種は、太陽光で蛍光を見せます。

方ソーダ石とは、比較的安価なので、ラピスラズリの代用品として宝石に加工されることもあります。

中世では、ラピスラズリは高価だったため、比較的安価な藍銅鉱を代替品にしていました。藍銅鉱は、日本各地の銅山周辺で採掘されます。写真は、1973年まで銅などの鉱物を産出していた愛媛県の別子銅山跡地です。

Q
青色の顔料として
有名な鉱物を教えて。

A
藍銅鉱が有名です。

藍銅鉱から作られる
岩群青の深く美しい青色は、
古来から日本画に使用されています。

Azurite
藍銅鉱(らんどうこう)

単斜晶系

Q 青色の顔料として有名な鉱物を教えて。

| 色：藍青 | 光沢：ガラス | 硬度：3½～4 | 産地：アメリカ、ナミビア、チリなど |
| 条痕：青 | 劈開：二方向に完全 | 比重：3.8 | |

名画を彩ってきた群青色、その源は鉱床に咲く鉱物の花です。

大粒の結晶はそれほど多くありませんが、
板状や柱状など、100を超える顔（形態）を持つほど複雑で多様な鉱物です。
細かい結晶が塊状に集合したものが一般的で、
孔雀石と一緒に、銅鉱床周辺の酸化帯で見つかることが多い鉱物です。
学名の「アズライト（azurite）」は「青色」を意味するペルシャ語に由来し、
その濃い青色が特徴です。
ラピスラズリ（ラズライト・青金石(せいきんせき)・瑠璃(るり)／P98）が採れない日本では、
主要な青色顔料として使われてきました。

濃い青色の結晶が藍銅鉱。

藍銅鉱の顔料はなにに使われるの？

A 日本画に使う岩絵の具の「岩群青(いわぐんじょう)」が有名です。

尾形光琳の代表作『燕子花図(かきつばたず)』の花の部分に岩群青が、葉の部分には孔雀石(P54)からつくった「岩緑青(いわろくしょう)」が使われています。精製が難しいため、江戸時代、岩群青は岩緑青の10倍の値で取引きされていたと言われています。ちなみに、岩群青は「マウンテンブルー」とも呼ばれます。

 なぜ孔雀石と一緒に見つかるの？

A 黄銅鉱(おうどうこう)などの銅鉱物が変質してできるからです。

どちらも黄銅鉱などの銅鉱石が分解したもので、藍銅鉱がさらに変質して孔雀石(P54)に変化します。

 宝石にもなるの？

A 宝石名はブルーマラカイトです。

まれにカットされることがありますが、硬度が低く変質しやすいため、宝石として扱われることはめったにありません。ちなみに、マラカイトは孔雀石のこと。孔雀石より産出量が少ないうえ、藍銅鉱が孔雀石に変化してしまうため貴重な存在です。

★COLUMN8★

誕生石ってなに？

自分の生まれた月の宝石を身につけていると幸運があると言われています。その起源は、『旧約聖書』の「出エジプト記」にあるユダヤ教の祭司の胸当てにはめ込まれた12の宝石にあるという説や、黄道12宮などにちなむという説などがあります。現在の誕生石は1912年にアメリカで定められたものが基準になっており、日本では3月にサンゴ、5月にひすいを取り入れた独自のものが1958年に提唱されました。

1月	ガーネット
2月	アメシスト
3月	アクアマリン／サンゴ
4月	ダイヤモンド
5月	エメラルド／ひすい
6月	パール／ムーンストーン
7月	ルビー
8月	ペリドット／サードオニキス
9月	サファイア
10月	オパール／トルマリン
11月	トパーズ
12月	トルコ石／ラピスラズリ

Q
価値の高いトルコ石は
どんな色をしているの？

アメリカコマドリの卵。トルコ石は、アメリカコマドリの卵の色が最高峰とされ、この色のことを「ロビンズエッグブルー」と呼びます

A
アメリカコマドリの卵のような青色です。

Turquoise
トルコ石(いし)

Blue 青

三斜晶系

色：天青〜青緑	光沢：ガラス〜樹脂	硬度：5〜6
条痕：白〜淡緑	劈開：一方向に完全	比重：2.9

産地：アメリカ、イラン、ベルギー、オーストラリア、エジプト、チリ

> Q 価値の高いトルコ石はどんな色をしているの？

高い地位の象徴とされてきた、ターコイズブルーの鉱物です。

トルコ石は、銅とアルミニウムがリン酸塩イオンや水酸化イオンなどと結合した鉱物で、その明るい青は「ターコイズブルー」と呼ばれています。メソポタミア文明やアステカ文明など、古代遺跡の遺物にも使われています。魔除けの力があると信じられ、高い地位の象徴とされていました。

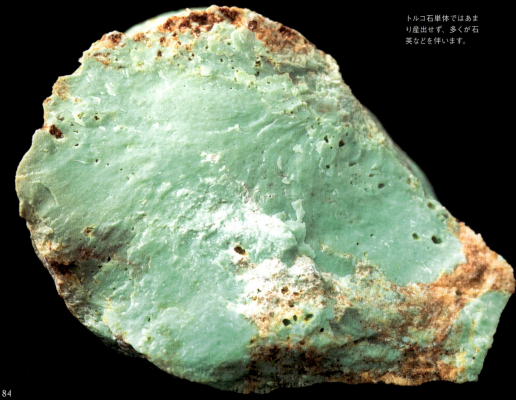

トルコ石単体ではあまり産出せず、多くが石英などを伴います。

① 「トルコ」の名前が付いたのはなぜ？

A トルコ帝国経由でヨーロッパに入ったからです。

6000年ほど前、トルコ石の主な産地はペルシアで、トルコを経由した交易でヨーロッパに伝わり、広く知られるようになりました。そのため、トルコでは産出しないにもかかわらず「トルコ」の名が付いたとされています。現在の主な産地は、アメリカのアリゾナ州などです。

トルコ・イスタンブールのブルーモスク。学名の Turquoise は「トルコの」という意味の古いフランス語が由来です。

② 鮮やかなブルーになる理由は？

A 含まれている銅による発色です。

ちなみに鉄を含む場合は緑色になります。欧米や日本では明るいブルーが人気ですが、チベットなどでは緑の方が好まれます。

③ 売られているトルコ石には偽物が多いってホント？

A 残念ながら本当です。

トルコ石だけの大きな塊は貴重であるため、トルコ石の粉を固めたり、別の鉱物を染色したりした模造品が出回っています。

★COLUMN9★
鉱物を生で見たい！

鉱物についてさらに知識を深め、実際に見てみたいなら、博物館や鉱山資料館などに出かけてみましょう。鉱物を見られる代表的な場所を右の表にまとめました。

おすすめミュージアム

秋田大学鉱業博物館（秋田県秋田市）
フォッサマグナミュージアム（新潟県糸魚川市）
産業技術総合研究所地質標本館（茨城県つくば市）
国立科学博物館（東京都台東区）
奇石博物館（静岡県富士宮市）
中津川市鉱物博物館（岐阜県中津川市）
益富地学会館（京都府京都市）

秋田県鹿角(かづの)市の尾去沢(おさりざわ)鉱山は、銅の採掘で有名ですが、胆礬も採れます。坑道内に鍾乳石状の塊で見つかります。

Chalcanthite
胆礬（たんばん）

三斜晶系

| 色：青 | 光沢：ガラス | 硬度：2½ | 産地：フランス、チリ、アメリカ、日本など |
| 条痕：白 | 劈開：一方向に不完全 | 比重：2.3 | |

二度見したくなる鮮やかな、美しすぎる"つらら"のブルー。

鉱物としては銅鉱床の周囲の酸化帯で産出しますが、その産出量は多くありません。銅を採掘する鉱山で、坑道の天井からつららのようにぶら下がっているものや、逆に下から上へ石筍（せきじゅん）のような塊になります。
鮮やかな青が印象的で、パワーストーンとしても人気があるのですが、天然の鉱物は少なく、取り扱いが難しいのも難点。
そのため硫酸銅溶液から育成した人工結晶も多く販売されています。

 なぜ取り扱いが難しいの？

A 水に溶けるからです。

少し濡れるだけでも溶解し、一方で、乾燥させると表面が白濁してしまいます。取り扱いが難しく、アクセサリーなどには向いていません。

青い部分が胆礬です。結晶が霜柱状に成長したり、丸い形態になったりすることもあります。

 人工結晶ってどうやってつくるの？

A 硫酸銅の水溶液からつくります。

胆礬と同質の硫酸銅を溶けきれなくなるまで溶かした水溶液の中に、種となる硫酸銅の結晶の小片を浸し、種結晶の表面に結晶を育成します。天然の硫酸銅である胆礬と同じ特徴の結晶ができます。

Cordierite
菫青石（きんせいせき）

直方晶系

| 色：青紫、灰、黄、茶 | 光沢：ガラス | 硬度：7〜7½ | 産地：インド、スリランカ、 |
| 条痕：白 | 劈開：三方向に不完全 | 比重：2.6〜2.7 | ミャンマー、マダガスカル |

スミレの青から枯れ草色に、見る角度で色が変わります。

「菫+青」の和名通りのブルーの結晶が特徴ですが、
透かして見ながら90度ほど角度を変えると黄緑色に見えます。
見る角度で色が変わる「多色性」の鉱物の代表的存在です。
効率よく遠赤外線を放出する特性があり、
菫青石を含む変成岩のホルンフェルスは、石焼き芋の石として重宝されています。
また、菫青石の結晶が分解し、花弁状の白雲母に変質したものは「桜石（さくらいし）」と呼ばれます。
宝石名は「アイオライト」。「ウォーター・サファイア」と呼ばれることもありますが、
サファイアとは化学成分ではアルミニウムと酸素しか共通点がありません。

菫青石は、青や黄緑色のほかに、灰色や薄い青、黄色、茶色などに見えることもあります。

Cavansite

カバンシ石

直方晶系

色：青、青緑	光沢：ガラス	硬度：3〜4	産地：インドなど
条痕：白〜淡青	劈開：一方向に良好	比重：2.3	

目にも鮮やかなブルーは、長く幻の鉱物でした。

沸石とともに見つかることが多い鉱物で、
主要成分のカルシウム、バナジウム、シリコン（ケイ素）の
英語綴りの頭の数文字（ca、van、si）を
組み合わせて学名が付けられました。
印象的なブルーで人気がありますが、
1973年にアメリカで発見され、
翌年にインドで大きな結晶が見つかった後に一旦産出が途絶え「幻の鉱物」に。
いまは、インドのプーナが世界的な産地として知られています。

青い結晶がカバンシ石。白い結晶は一緒に見つかることが多い沸石です。

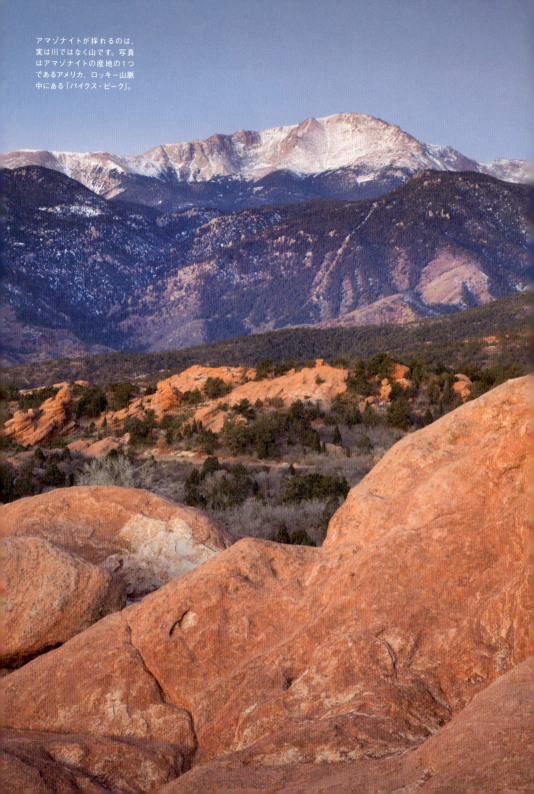

アマゾナイトが採れるのは、実は川ではなく山です。写真はアマゾナイトの産地の1つであるアメリカ、ロッキー山脈中にある「パイクス・ピーク」。

Amazonite [Microcline]
アマゾナイト[微斜長石]

三斜晶系

色：青緑、緑、青	光沢：ガラス、無艶	硬度：6～6½	産地：イタリア、ロシア、カナダ、アメリカなど
条痕：白	劈開：二方向に完全	比重：2.5～2.6	

アマゾン川に由来するこの宝石は、宮沢賢治も愛した石でした。

宝石としては、「アマゾナイト」という名で知られますが、
鉱物としては、微斜長石の水色の変種です。
微斜長石は、地球のいたるところで見られる「長石」グループの鉱物。
一般的な白色や淡いクリーム色の微斜長石とは異なる水色や青緑色の変種は、
アマゾン川にちなんでアマゾナイトと名付けられ、
アマゾン川を表す当て字「天河」も、和名の「天河石」に使われています。
宮沢賢治が愛した石としても有名です。

① アマゾン川で採れるの？

A ブラジルで採れますが、アマゾン川では採れません。

アマゾナイトを探してアマゾン川を探索した商人が、別の石と間違えて「アマゾンの石」として売り出したことがきっかけだと言われます。

青い部分がアマゾナイトです。

② 宮沢賢治の作品にも登場するの？

A 『十力の金剛石』に登場します。

この童話に出てくるリンドウの花はアマゾナイトでできています。タイトルの「金剛石」はダイヤモンドのことです。

藍晶石にも含まれているアルミニウムは、軽量な合金として、飛行機の機体やエンジン部品に使われています。

Blue 青

Kyanite
藍晶石（らんしょうせき）

三斜晶系

色：青、白、灰、黄、橙、ピンク	条痕：白	劈開：一方向に完全	比重：3.5〜3.7
	光沢：ガラス	硬度：4〜7½	産地：ブラジル、スイス、ロシア、オーストリア

強い面もあれば弱い面もある、両方あるから扱いにくいのです。

名前の通り藍色の結晶が印象的な藍晶石。板状や短冊状（偏平な柱状）のものが多く、シャワーの水のように結晶群が連なっていることもあります。
藍晶石は、方向によって硬度が大きく異なるのが特徴で、「二硬石（Disthene）」という別名もあります。
そのため、加工が難しく、めったに装飾品にはなりません。
また、紅柱石や珪線石と同質異像の鉱物としても有名です。

結晶が板状に！

Q1 方向によってどれくらい硬さが違うの？

A モース硬度で3以上違います。

柱状の結晶を横切る方向は傷つきにくく7½、結晶の長辺方向は傷つきやすく4となっています。

青色の長柱状の結晶が藍晶石。学名はギリシャ語の暗青色を意味します。

Q2 同質異像って何？

A 同じ化学組成でも違う鉱物になる現象のことです。

藍晶石は、紅柱石や珪線石と同じ化学成分ですが、それぞれ互いに結晶構造（原子配列）が異なります。このような関係を「多形」または「同質異像」と言います。ダイヤモンドと石墨（グラファイト）も「多形」の関係にあります。同質異像の関係にある鉱物の多くは、鉱物ができるときの温度や圧力の違いが影響しています。藍晶石は、紅柱石や珪線石に比べ、低温高圧の環境でできます。

宝石として有名なサファイア。その融点は2000℃以上。サファイアと言えば青色を想像しますが、ピンクやイエローなど青色以外のものもあります。

Sapphire [Corundum]
サファイア[コランダム]

三方晶系

| 色：青、無、灰、黄、紫など | 光沢：ガラス | 硬度：9 | 産地：スリランカ、タイ、オーストラリアなど |
| 条痕：白 | 劈開：なし | 比重：4.0 | |

深く濃いブルーの中に、輝く星を探してみたい。

宝石としての品質を備えるコランダムのうち、
赤色のものは特別にルビー（P8）、それ以外のものはサファイアと呼ばれます。
サファイアの名は「青色」を意味するギリシャ語に由来しますが、
現在では、ブルーサファイア、ピンクサファイアなど、さまざまな色の石に用いられます。
微量成分として鉄やチタンを含み、
人工的な処理を施していない天然の深い青色のものが高級品。
熱に強く硬いため、人工サファイアは、高級腕時計の窓材のほか、
半導体の基板やスマートフォンのカメラレンズの保護ガラスなどに利用されています。

 最高級のサファイアを教えて。

A 「コーンフラワー」です。

コーンフラワーとは花の矢車菊のことですが、インド・カシミール地方で採れる深い青色のサファイアの結晶のことをこう呼んでいます。現在は、カシミールでの産出がないので貴重です。また、ミャンマーで産出される深い青色のサファイアは「ロイヤルブルー」と呼ばれ、高い評価を得ています。

サファイアの青い結晶は、微量のチタンと鉄を含んでいます。

イカの血は青いと言われていますが、これは銅を含んでいるからです。青鉛鉱も銅を含んでおり、鮮やかな青が特徴的です。

Blue 青 — Linarite 青鉛鉱(せいえんこう)

単斜晶系

色：青	光沢：ガラス〜亜ダイヤモンド	硬度：2½	産地：アメリカ、日本など
条痕：淡青（水色）、青	劈開：一方向に完全	比重：5.3〜5.5	

めったに出会うことができない、目の覚めるような鮮やかな青。

青鉛鉱は、銅と鉛の水酸化硫酸塩鉱物で、鉛や亜鉛の鉱床周辺の酸化帯で生成する鮮やかな青色の二次鉱物です。藍銅鉱(らんどうこう)（P78）と見た目は似ていますが、青鉛鉱の方が明るい青色です。コレクターには人気がありますが、ありふれた鉱物ではなく、どちらかと言えば手に入りにくい鉱物です。

① 宝飾品にもなっているの？

A 取り扱いが難しく、宝飾品には向いていません。

モース硬度が2½と低く、完全な劈開をもつために、割れやすく加工しづらい鉱物です。

青く見える部分が青鉛鉱です。

② 学名「リナライト(Linarite)」の由来は？

A 原産地の名前です。

スペインのアンダルシア地方にあるリナレスで産出したため、命名されました。日本の鉱山でも見つかります。

Q
ラピスラズリの
名前の由来は？

青や紫をベースに、白や金色が混じるラピスラズリ。空に星が浮かんでいるように見えることから、別名「青金石（せいきんせき）」とも呼ばれます。写真は北海道津別峠（つべつとうげ）の星空。

A
群青色の空の色です。

Lapis-lazuli [Lazurite]
ラピスラズリ［ラズライト］

立方晶系

Q ラピスラズリの名前の由来は？

色：濃青〜緑青	光沢：ガラス	硬度：5〜5½	産地：アフガニスタン、ロシア、チリなど
条痕：青	劈開：なし	比重：2.4	

正倉院の宝物を飾る「青」は、シルクロード経由でやってきました。

アクセサリーとしても人気の宝石、ラピスラズリ。
実は、数種類の鉱物を含んだ石の名前で、
主要成分となる鉱物はラズライトや方ソーダ石(P77)、アウインです。
ラズライトの鮮やかな青色は、含まれる硫黄によって現れます。
宝飾品のほか、青色顔料の「ウルトラマリン」としても使われます。

ラピスラズリは、塊状で現れることが多いですが、十二面体の結晶になることもあります。

Q1 ラピスラズリは日本でも採れる？

A 産出していません。シルクロードを通って日本に伝来しました。

人との関わりの歴史は古く、紀元前4000年頃には、古代メソポタミアで装飾品として用いられ、古代エジプトのツタンカーメン王のマスクにもその象嵌（ぞうがん）があります。日本には、奈良時代にシルクロードを通じて伝わり、正倉院宝物の「紺玉帯（こんぎょくのおび／革帯）」を飾っています。

シルクロードは、古代の中国と地中海地域を結んだ交易路。

Q2 フェルメールの絵に使われたってホント？

A 「真珠の耳飾りの少女」で印象的なターバンの青色に使われていると言われています。

ラピスラズリから作られる顔料のウルトラマリンの青は「フェルメール・ブルー」とも呼ばれています。合成のウルトラマリンが出まわるまで、天然のものはとても貴重な絵の具だったと言われているため、初期の頃のフェルメールはウルトラマリンを使っていなかったという説もあります。

オランダ・マウリッツハイス美術館蔵。

Q3 ラピスラズリって何語？

A ラテン語とアラビア語を組み合わせた言葉です。

ラテン語で「石」を意味する「Lapis」と、アラビア語で「群青の空の色」を意味する「Lazward」を組み合わせた言葉です。

Blue 青

Covellite
銅藍
どうらん

六方晶系

色：濃青	光沢：金属〜亜金属	硬度：1½〜2	産地：ドイツ、セルビア、日本など
条痕：灰黒	劈開：一方向に完全	比重：4.7	

メタリックな青い輝きが地球の神秘を彷彿させます。

銅鉱石の隙間に、六角板状の結晶が何枚も重なったような状態で見られる銅藍。特徴は、独特のメタリックな藍色で、その標本に人気が集まります。
ただ、産出量は非常に少なく、硬度が低いため、装飾品に加工されることはほとんどありません。
銅藍を発見したイタリア人の鉱物学者、ニコラス・コベリにちなんだ学名が与えられ、「コベリン」という名でも親しまれています。

ニコラス・コベリが最初に銅藍を発見したのはイタリアにあるベスビオ火山。かつてポンペイの街を飲み込んだあの火山です。

Labradrite (Anorthite)
ラブラドライト(曹灰長石)

三斜晶系

色:青、灰、白など	光沢:ガラス	硬度:6〜6½	産地:カナダ、マダガスカル
条痕:白	劈開:二方向に完全	比重:2.7〜2.8	

英語名の由来は、発見されたカナダのラブラドル海岸から。

カルシウムやナトリウムを主成分とする斜長石の一亜種です。
ラブラドライトは、屈折率の異なる2種類の薄い膜が
交互に積み重なった結晶になることがあります。
この層の組織による光の干渉が起きると、
イリデッセンス(ラブラドレッセンス)と呼ばれる、
ラブラドライト特有の、鉱物が虹色に見える光学効果が現れます。

ラブラドライト。見る方向により輝きが変わります。

フランスのシャンパーニュにある、ジャンヌダルク記念碑。銅によって青くなる鉱物は、異極鉱のほかにトルコ石（P82）があります。銅像のような身近な銅の加工品も酸化すると青くなります。

Hemimorphite
異極鉱（いきょくこう）

直方晶系

色：淡青、無、白、淡緑、灰、褐	条痕：白	劈開：二方向に良好	比重：3.5
	光沢：金剛〜ガラス	硬度：4½〜5	産地：メキシコ、中国、アメリカ、イランなど

両端の形状が異なる結晶が、名前の由来になりました。

日本をはじめ、世界中で産出する鉱物ですが、美しい結晶の産地は限られます。
無色のものが多いものの、主成分の亜鉛の一部が銅に置き換わると青に、
鉄に置き換わると緑になるように、さまざまな色のものがあります。
美しいものは磨かれて宝石として扱われます。
柱状結晶で、一方の端は尖っていて、他方が平らになっているのが特徴です。
このように両端で形が異なる結晶は異極晶（いきょくしょう）と呼ばれ、異極鉱の名前の由来にもなっています。

① どんな状態で見つかるの？

A ベースになっている母岩から生えるようにできます。

片端が隠れてしまい、両端が完全に見える標本は多くありません。

微量成分の銅で青くなった異極鉱。ぶどうのような集合体で現れることもあります。

② 異極晶が見られるのは異極鉱だけ？

A 電気石などにも見られます。

リチア電気石（P22）など、電気石グループの鉱物をはじめ、他の鉱物でも見られますが、異極鉱は両端の違いが顕著な鉱物として知られています。

Celestine
天青石(てんせいせき)

直方晶系

| 色：淡青、無、白 | 光沢：ガラス | 硬度：3〜3½ | 産地：マダガスカル、アメリカ |
| 条痕：白 | 劈開：一方向に完全 | 比重：4.0 | |

淡いブルーの鉱物が、
花火の赤色の元になります。

ストロンチウムの鉱物で、淡いブルーが天青石の名のイメージ通りです。
学名から「セレスタイン」とも呼ばれ、これも「空色」を意味しています。
マダガスカル産が有名で、堆積岩などの空洞の中に、密集した結晶が見られます。
火の中に入れると、ストロンチウムが反応して火の色が赤くなります。

天青石は、日本で石膏と一緒に発見されることが多い鉱物です。花火の赤色の原料として使われることもあります。

Purple 紫

Charoite
チャロ石

単斜晶系

色：紫、赤紫、青紫	光沢：ガラス〜絹糸	硬度：5〜6	産地：ロシア
条痕：白	劈開：三方向に明瞭	比重：2.5	

原産地以外では見つかっていないマーブル模様の鉱物です。

ロシア連邦サハ共和国のチャロ川流域で発見され、1978年に認められた新鉱物で、名前は産地のチャロ川にちなんでいます。マンガンによる鮮やかな紫、繊維状の結晶が絡み合う自然のアートは、「チャロアイト」の名で人気があります。

紫色に見えるのがチャロ石。旧ソビエト連邦の時代より花瓶や彫刻に使われていましたが、新種の鉱物と分かったのは後のことです。

Amethyst [Quartz]
紫水晶 [石英]
むらさきすいしょう　せきえい

三方晶系

| 色：紫 | 光沢：ガラス | 硬度：7 | 産地：ブラジル、アメリカ、ウルグアイ、ロシア |
| 条痕：白 | 劈開：なし | 比重：2.7 | |

ぶどう酒の色が由来？
ギリシャ神話に登場する紫です。

紫色は、石英の結晶に含まれる微量の鉄イオンと結晶の歪みによって現れます。
アメジストの呼び名は、ギリシャ神話の酒神バッカスのせいで、
水晶になってしまった女性の名に由来します。
この神話が由来で、紫水晶を身につけたり服薬したりすると酔わないと信じられました。

柱状の結晶で現れた紫水晶。

Aragonite
霰石(あられいし)

直方晶系

色：無、白、淡紫、褐、淡青	光沢：ガラス	硬度：3½〜4	産地：スペイン、ドイツ、メキシコ、モロッコ、ナミビアなど
条痕：白	劈開：一方向に明瞭	比重：2.9	

海の生物が由来のカルシウムが、サンゴのような鉱物になることも。

方解石(P133)と同じ化学組成をもつ同質異像(P93)の鉱物です。結晶が集まり、さまざまな形の塊となるのが特徴で、菱形の柱状結晶3つが特定の角度でくっついて、六角柱のような双晶をなしたり、細かい結晶が球状に集まり、それが連なってサンゴのようになったりすることもあります。

霰石。ときを経て結晶構造が変化し、霰石が同質異像である方解石になることがあります。

Q
石英はすべて白色なの?

ブラジル東部の沿岸地域にあるレンソイス・マラニャンセス国立公園の砂は、石英が多いため白く見えます。雨期には砂丘のへこみに水がたまり、美しい景色を見せます。

A
無色をはじめ、
ピンク、黄色、紫など
さまざまです。

Q 石英はすべて白色なの？

White Colorless 白・無色

Rock crystal [Quartz]
水晶（すいしょう）[石英（せきえい）]

三方晶系

色：無〜白、黄、ピンク、紫、緑、褐黒など	条痕：白	劈開：なし	比重：2.7
	光沢：ガラス	硬度：7	産地：ブラジル、アメリカ、ウルグアイ、ロシア

ハート型に見えるものもあれば、最新機器にも欠かせません。

地殻を構成する最も普遍的な造岩鉱物の1つで、
火成岩・変成岩・堆積岩のいずれにもほぼ含まれています。
巨大な結晶から顕微鏡サイズの微小な結晶群の塊まで、さまざまな形があります。
石英の中でも、結晶の形がはっきりとし、透明なものは「水晶」と呼ばれます。
微量に含まれる元素や原子配列の歪みの影響で色がついた、
紫水晶（アメジスト／P108）や黄水晶（シトリン／P42）も人気があります。

水晶の結晶。水晶は劈開がないため加工しやすく、アクセサリーとして多く出回っています。

Q1 装飾品以外の水晶の利用法は？

A 時計など広く使われています。

電圧をかけると規則的に伸び縮みする性質を生かし、クオーツ時計をはじめ、コンピュータなどの電子機器には欠かせない存在で、工業用に純度の高い人工水晶もつくられています。石英を材料にしたガラスは、化学機器や光学機器、光ファイバーにも用いられ、粉末にして日本画の絵の具としても使われています。

Q2 水晶とガラスの見分け方は？

A 複屈折で分かります。

水晶を透かして線や文字を見たとき、二重に見える方位があります。これは、石英には2つの屈折率がある「複屈折」であることが関係しています。空気や水、ガラスには1つの屈折率しかないので、1つの光が1方向に屈折しますが、石英の場合、1つの光が2つに分かれて屈折するため、線や文字が2重に見えるのです。

Q3 ハート型の水晶があるってホント？

A 「日本式双晶（にほんしきそうしょう）」です。

原子の結合を保って特定の角度で接合している2つ以上の結晶同士を「双晶」と呼びます。石英にはいくつかの双晶がありますが、中でもハート型に見える石英の双晶は、明治時代、日本産の水晶で研究されたため「日本式双晶」と呼ばれています。

Cryolite
氷晶石(ひょうしょうせき)

単斜晶系

色：無、白　　光沢：ガラス　　硬度：2½　　産地：スペイン、ロシア、アメリカなど
条痕：白　　　劈開：なし　　　比重：3.0

北の大地に栄枯盛衰をもたらした「融けない氷」がありました。

18世紀にグリーンランドで発見された鉱物です。
当初は「融けない氷」だと考えられていたため、氷晶石の名が付きました。
19世紀の終わりになって、
アルミニウム製錬の溶融剤としての利用法があることが分かると採掘が進み、
産業界に大きな富をもたらしました。
しかし、資源が枯渇し、安価な代替品が開発され、現在では利用されていません。
屈折率が1.34と低く、1.33の水とほぼ同じであるため、
透明な結晶を水の中に入れると、見分けがつきにくくなります。

天然の氷晶石。産業に使われる人工氷晶石は、蛍石が原料です。

White Colorless 白・無色
Muscovite 白雲母(しろうんも)

単斜晶系

色：無、白、淡緑、淡黄	光沢：ガラス、真珠	硬度：2½〜4
条痕：白	劈開：一方向に完全	比重：2.8

産地：ロシア、ノルウェー、ブラジルなど

ヒラっとはがれてキラッと光る、文字通り白い色をした雲母です。

白雲母は、カリウムとアルミニウムを主成分とする層状ケイ酸塩鉱物で、雲母グループの代表的な鉱物です。
粉のように微細な結晶の色は白色ですが、大粒の結晶は無色透明です。
真珠のような光沢が見られることもあります。
ほかの雲母と同様、薄くはがすことができます。
熱に強く電気を伝えにくいため、ストーブののぞき窓や、電気絶縁体として真空管やトースターなどに使われました。
絹糸状の光沢のある細粒の白雲母は「絹雲母」と呼ばれ、化粧品や医薬品にも使われています。

中央の濃い色の結晶が白雲母。薄くはがせる理由は、結晶構造が層状になっていて、層と層の結合力が弱いからです。

Q
鉱物に関する
有名な絶景を教えて。

雨水が薄く張ると鏡のようになることで有名なウユニ塩湖（ボリビア）。干上がると一面白い大地になります。これを塩湖と呼び、岩塩に変化する途中の姿だと考えられています。

A
ウユニ塩湖の塩湖は、
岩塩になる途中の姿と
考えられています。

> Q 鉱物に関する有名な絶景を教えて。

White Colorless 白・無色
Halite 岩塩（がんえん）

立方晶系

色：無、青、ピンク	光沢：ガラス	硬度：2½	産地：アメリカ、ボリビア、
条痕：白	劈開：三方向に完全	比重：2.2	オーストラリア、フランスなど

白だけでなく、青やピンクもある
命には欠かせない存在です。

地殻変動によって海底が隆起して陸上に閉じ込められた海水や、
塩水の湖（塩湖）の水が長い年月をかけて蒸発して、結晶になった鉱物が岩塩です。
結晶は立方体で無色または白が多いですが、青やピンクなどの結晶も見られます。

岩塩は水に溶けてしまうため、乾燥地帯でないと鉱床として残りません。

Q1 岩塩は食塩になるの？

A 世界的に見ると、岩塩から食塩を採る方が一般的です。

岩塩は、ヨーロッパやアメリカなどで産出します。四方を海に囲まれた日本では、海水を蒸発させて食塩を精製してきましたが、世界の食塩の3分の2は岩塩からつくられています。微量成分の混入や結晶構造の歪みなどにより、色がつくこともあります。食塩として出回っているものは、食べても安全上問題はありません。

Q2 岩塩は装飾品として使えるの？

A 色や形が変わってしまいます。

色がついたものは、時間が経つと退色することがあり、湿気などで溶け出すこともあるため、装飾品には向いていません。

Q3 塩でできた礼拝堂があるってホント？

A ポーランドにあります。

かつて岩塩を採掘していたヴィエイチカ岩塩坑にある地下礼拝堂は岩塩でできています。世界遺産に最初に登録された12件のうちの1つです。

ヴィエイチカ岩塩坑（ポーランド）の地下礼拝堂。床や壁からシャンデリアまで、すべて岩塩でできています。

Q
ダイヤモンドは
どこで生まれるの？

南アフリカ共和国の都市キンバリーは、ダイヤモンドが採れることで有名。大きく空いた穴は、「ザ・ビッグ・ホール」と呼ばれ、ダイヤモンドの採掘のために人の手によって空けられた穴です。

A
深さ150km以上のマントルの中です。

Q ダイヤモンドはどこで生まれるの？

White Colorless 白・無色

Diamond
ダイヤモンド

立方晶系

色：無（灰、黄、青、ピンクなどあり）	光沢：ダイヤモンド	硬度：10	産地：南アフリカ、
条痕：白	劈開：四方向に完全	比重：3.5	オーストラリア、ロシアなど

最も美しくて、最も硬い鉱物は、地球の地中深くでつくられました。

ダイヤモンドは、炭素だけでできている元素鉱物です。
同様に炭素だけでできている鉱物の「石墨（せきぼく）」は、鉛筆の芯になるほど軟らかく真っ黒ですが、ダイヤモンドは鉱物でいちばん硬く、完璧な結晶は無色です。
原子配列が緻密なダイヤモンドになるためには、高温高圧な環境が必要です。
そのため、ダイヤモンドは地中150km以上の高温高圧な環境下でできます。

硬いことでも有名なダイヤモンドですが、炭と同じ炭素でできているため、燃えます。

Q1 ダイヤモンドはどうして貴重なの?

A 3つの条件が重ならなければ地上に出ないからです。

1つ目は、地殻の下深くのマントルの中で発生したマグマが地上へ上がってくること。2つ目は、そのときに、たまたまダイヤモンドを含んでいること。3つ目は、そのダイヤモンドを含んだマグマが急速に地表まで到達すること。以上の条件を満たした場合のみ、ダイヤモンドは地上に現れます。

Q2 ダイヤモンドより硬い鉱物はある?

A 天然の鉱物の中にはありません。

そのため、硬さを生かして、掘削機器などの工業用にも使われます。人工物も含めると、ウルツァイト型窒化ホウ素がいちばん硬い物質です。

Q3 ダイヤモンドが輝くのはなぜ?

A 高い屈折率と透明度のおかげです。

高い屈折率と透明度を利用して、結晶に入り込んだ光がすべて見る人の瞳に向かって反射されるように精密にカットされると強い輝きを放ちます。また、ダイヤモンドは屈折率が高いだけではなく、分散(プリズム効果)にも優れているので、虹色に輝くのです。左ページの写真のような、ダイヤモンドの代表的なカットであるブリリアントカットは、この光の性質を最大限に利用したものです。

★COLUMN10★

争いを産む宝石

鉱物を磨いた宝石は、多くの場合アクセサリーとして使用されますが、その原産地では違った使われ方をすることもあります。アフリカなどのダイヤモンド産出国では、国家や武装勢力の武器購入の資金を得るためにダイヤモンドが使われており、これを「紛争ダイヤモンド」と呼んでいます。紛争ダイヤモンドは内戦を長期化させる原因となるため、国連で取り締まりが行われました。その結果、90年代には世界で流通している15%が紛争ダイヤモンドだと言われていましたが、いまでは1%以下にまで減ったとされています。

Q
白い砂丘が
あるってホント?

アメリカのニューメキシコ州にある大砂丘地帯で、正式名は「ホワイトサンズ国定記念物」。石膏自体は透明ですが、石膏同士がこすれ合うことで傷ができ、白く見えるようになります。

Q 白い砂丘があるってホント？

White Colorless
白・無色

Gypsum
石膏(せっこう)

単斜晶系

色：無	光沢：ガラス	硬度：2	産地：アメリカ、ボリビア、
条痕：白	劈開：一方向に完全	比重：2.3	オーストラリア、フランスなど

美しい肌の形容にも使われる「白くてなめらか」な鉱物です。

石膏像に石膏ボード、さらに医療用のギブスなど、
生活にも身近な石膏は、硫酸カルシウムと水分子を主成分とする鉱物です。
通常は、無色の板状や柱状で産出し、特に透明のものは「透明石膏」、
繊維状のものは「繊維石膏」、粒状のものは「雪花石膏(せっかこうしょう)」と呼ばれます。
石膏は、黒鉱鉱床や熱水鉱床などの鉱床のほか、
火山昇華物、塩湖の蒸発でできる蒸発岩など、さまざまな場所で産出します。

透明石膏。大粒の結晶では透明ですが、粉状にすると白くなります。

Q1 雪花石膏の特徴を教えて。

A 美しい白色です。

雪花石膏は細かい粒子が塊となって発見され、その白さゆえに「雪花」の名前が付いています。英語名のアラバスターは「白くなめらかな」という意味の形容詞としても用いられます。例えば、「alabaster skin」と言えば、白くなめらかな肌。ゴスペルの楽曲『Alabaster Box』の歌詞などでも、アラバスターを使った表現が使われています。

Q2 石膏はほかにどんなものに使われるの？

A ランプなどにも使われていました。

透過性に優れ、通った光が美しいことから、ガラスが出回るまではヨーロッパの宮殿などで、透明石膏や雪花石膏が、ランプシェードや燭台などに使われていました。

Q3 アラバスターには2種類あるってホント？

A 大理石の一種もアラバスターと呼ばれます。

大理石の方は古代ギリシャの彫刻の材料などで使われていました。また、建築材料としても使用されており、ギリシャのパルテノン神殿や、インドのタージ・マハルなどが有名です。近代以降はアラバスターといえば、石膏の方を指します。

★COLUMN11★

産業の発展に貢献している鉱物・レアメタル

産業に必要な金属のうち、鉄、銅、アルミニウムなどの主要金属以外で、存在量が少なかったり抽出が難しかったりして希少な金属をレアメタルと言います。携帯電話や液晶テレビ、自動車などの製造に不可欠な金属で、これらの製品は使用後に取り出して再利用する取り組みが進められています。レアメタルの定義に国際的に定まったものはありませんが、日本政府はタングステン、コバルト、ニッケル、クロムなどの31鉱種を指定しています。

Q
道具として使われた
鉱物があったら、教えて。

モナコ公国のモナコ湾を望む展望台。現在の望遠鏡には、合成された大型の結晶が使われています。

A 蛍石の結晶は、望遠鏡のレンズに使われていました。

Q 道具として使われた鉱物があったら、教えて。

White Colorless 白・無色

Fluorite
蛍石（フローライト）

立方晶系

色：無、緑、青、ピンク、黄	条痕：白	劈開：四方向に完全	比重：3.2
	光沢：ガラス	硬度：4	産地：中国、メキシコ、モンゴルなど

色にじみを起こしにくい性質が、高級レンズなどに使われます。

蛍石の主な成分は、フッ素とカルシウム。
製鉄の融剤として古くから用いられ、
学名の「fluorite」はラテン語の「fluere（融ける、流れる）」に由来すると言われています。
純粋なフッ化カルシウムの結晶は工場で製造され、
優れた光学素子として高級レンズにも用いられます。
天然の蛍石にはさまざまな微量成分が含まれ、色や発光現象などの特性は多様です。
紫外線照射や加熱によって光ることもあり、
この発光現象は蛍石の学名にちなんで「fluorescence（フローレッセンス）」と名付けられました。
日本語では蛍光と訳されますが、昆虫のホタルの発光とはしくみは異なります。
天然の結晶の色は、無色、緑、青、ピンク、黄色など多様で、アクセサリーとしても人気です。

蛍石は、紫外線を当てると必ず光るわけではありません。しかし加熱すれば、みな一律に青白い光を発します。

望遠鏡などのレンズに使われるのはなぜ？

 色収差がとても小さいためです。

純粋な無色透明の結晶は、普通のガラスに比べて色にじみを起こす色収差（色分散、プリズム効果）がとても小さいため、高性能レンズとして使用されてきました。現在では、高純度フッ化カルシウムの人工結晶が使われています。主成分がフッ素なので、フッ酸などフッ素化合物の資源として用いられます。

 紫外線を照射すると、どうして光るの？

 電子のいたずらです。

原子を構成する電子は、中心の核の周りを規則的に運動しています。そこに、光や熱などのエネルギーが加わると、電子の運動に変化が生じます。電子は元の運動に戻ろうとしますが、その際、余分なエネルギーを放出します。エネルギーは熱として放出されることもありますが、人間の眼に見える光として放出されると光って見えるのです。光として放出されるのかどうか、どんな色になるのかは、電子次第なのです。

 蛍石は日本でも採れるの？

 世界中で産出する鉱物で、日本でも産出します。

現在の主要な産地は、中国、メキシコ、モンゴルです。かつて、国内でも出鉱されていましたが、いまでは蛍石鉱山はすべて閉山しています。かつて大分県の尾平鉱山の蛍石は、ドイツの有名な光学機器メーカーのレンズにも使われたこともあります。

★COLUMN12★
宝石になる鉱物

そのままではあまり美しくない原石でも、それぞれの性質に合わせて、カッティングや研磨することで美しく輝く宝石となります。透明な原石をカットして輝かすための面をつくることをファセットカットといいます。ダイヤモンドなどに使われるブリリアントカット、四角形を基本とするステップカット、ブリリアントカットとステップカットを合わせたミックスカットなどです。ダイヤモンドがいちばん美しく輝くように設計されたブリリアントカットは、カット面が58面もあるため反射が細かくキラキラと美しく輝きます。また、半透明や不透明でも美しい鉱物は、半楕円や半球状に磨いて色を際立たせます。この磨き方をカボションカットといいます。

Ulexite
曹灰硼石（そうかいほうせき）

三斜晶系

色：無、白、淡紫、褐、淡青	光沢：ガラス〜絹糸	硬度：2½	産地：アメリカ、トルコ、
条痕：白	劈開：一方向に完全	比重：2.0	ペルー、チリなど

グラスファイバー効果から、「テレビ石」とも呼ばれています。

ウレキサイトの名でも知られ、
ホウ素に富んだ塩湖が干上がってできた堆積層の中に形成されます。
最大の特徴は、平らに磨かれた曹灰硼石の断面を文字や絵の上に置くと、
鉱物の表面に文字や絵が、映し出されるように見えることです。
繊維状の結晶を光が伝わるために起きる現象で
「グラスファイバー効果」と呼ばれています。
浮き出る様子がテレビ画面をイメージさせることから「テレビ石」とも呼ばれます。

右上に繊維状の結晶が見られる曹灰硼石。隙間なく繊維状結晶が並ぶ中を光が通ることで、グラスファイバー効果が起こります。

Calcite
方解石(ほうかいせき)

White Colorless 白・無色

三方晶系

色：無〜白、灰、黄、青、ピンクなど	光沢：ガラス	硬度：3	産地：アイスランド、イギリス、
条痕：白	劈開：三方向に完全	比重：2.7	ドイツ、フランス、など

地球が、生命の星である証の、カルシウムの鉱物です。

世界各地で多く産出し、セメントの原料になる石灰岩も大理石も方解石でできています。
霰石(あられいし)（P109）とおなじ、炭酸カルシウムの鉱物です。
方解石のいちばんの特徴は、複屈折です。
透明な結晶を透かして文字や絵を見ると、角度によって二重に見える性質のことで、
現在の偏光フィルターが開発されるまでは、
この複屈折を利用した方解石の偏光プリズムが、顕微鏡のフィルターに使われていました。
貝殻や真珠など、生物が由来のカルシウムが起源となってできる、生命の星ならではの鉱物です。

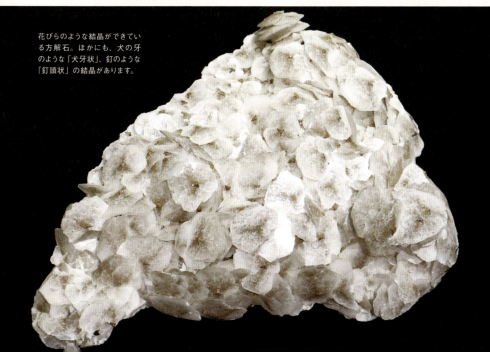

花びらのような結晶ができている方解石。ほかにも、犬の牙のような「犬牙状」、釘のような「釘頭状」の結晶があります。

結晶内にイオンを吸着する沸石の特性は、洗濯用洗剤に活かされています。

Analcime
方沸石（ほうふっせき）

立方晶系　正方晶系

色：白、無、灰、ピンク、帯黄、帯緑	光沢：ガラス
条痕：白	劈開：三方向に不明瞭

硬度：5〜5½	産地：カナダ、アメリカ、
比重：2.2〜2.3	イタリア、日本

80種類以上からなる沸石グループは、産業用に広く利用されています。

沸石（ゼオライト）は、結晶構造の中にカゴ状やパイプ状の空間を持っている、アルミノケイ酸塩鉱物のグループです。
方沸石をはじめ、中沸石、輝沸石など80種以上の鉱物が知られています。
結晶内部の空間に取り込まれた陽イオンを、結晶外部の陽イオンと入れ替え（イオン交換）、空間に水分子（結晶水）を出し入れすることができる特性があります。
この特性は、水質改良剤として洗濯用洗剤に添加したり、
臭いの吸収剤として猫砂に用いたりするほか、
化学反応を推進する触媒としてガソリンの精製にも生かされています。
取り込まれている水分子が結晶から出ていくときに、
水が沸騰して泡だつように見えるため、沸騰する石との意味で名付けられました。

Q1 方沸石の結晶の形は？

A 二十四面体が一般的です。

概ね粒状の結晶で、多数の結晶が塊となることもあります。

結晶が塊状になっている方沸石。

Q2 方沸石の色や光沢は？

A 白や無色から緑やピンクまでさまざまです。

無色透明や白の結晶が多いですが、緑、ピンク、灰色、黄色など、さまざまな色があります。

白鉛鉱は江戸時代中期に歌舞伎役者や一般の女性の間でおしろいとして広まりました。喜多川歌麿の『えり装い』でも化粧する女性が描かれています。

Cerussite
白鉛鉱（はくえんこう）

直方晶系

色：白、灰	光沢：ダイヤモンド〜ガラス	硬度：3〜3½
条痕：白	劈開：二方向に明瞭	比重：6.6

産地：アメリカ、メキシコ、イギリス、モロッコ、ナミビア

ダイヤモンドのような輝きも、身につけるには繊細すぎました。

方鉛鉱などの鉛の鉱床の周囲の酸化帯で、
炭酸塩イオンを含んだ水と鉛が反応してできる二次鉱物です。
希塩酸をかけると泡を出して溶けます。
結晶は板状や柱状、粒状などさまざまで、
2つ以上の結晶が化学結合を保って特定角度でくっついた双晶になることもあり、
ときには雪の結晶のような幾何学的な形にもなります。
ダイヤモンドのような輝きに加え、しっかりした重さが感じられる白色も魅力です。

 白鉛鉱はアクセサリーにできる？

 やわらかいため、加工に向きません。

カットすると美しく輝きますが、傷つきやすいために、残念ながら装飾品には不向きです。

 なにに使われるの？

 かつては顔料として使われました。

学名「セルサイト（cerussite）」は白い鉛の顔料を意味しています。鉛に毒性があることが分かってからは、一般には使われていません。

白鉛鉱は、大抵は白や無色の結晶ですが、含まれる成分によっては灰色や黒に見えることもあります。

Baryte 重晶石
White Colorless 白・無色
じゅうしょうせき

直方晶系

色：無、白、灰、黄、褐、青、ピンク	条痕：白	劈開：一方向に完全	比重：4.5
	光沢：ガラス	硬度：3〜3½	産地：スペイン、ドイツ、カナダ、フランスなど

健康診断でおなじみの元素を主成分とする、重たい鉱物です。

重い元素のバリウムを主成分とするため、比重の大きい鉱物です。
学名の「バライト（baryte）」も、ギリシャ語の「重い」に由来します。
結晶は、板状や柱状など多様で、色も無色（白）から褐色までさまざま。
バリウムの重要な鉱石鉱物で、かつては日本でも採掘していました。
胃酸にも溶けないため、医療用に合成された同質の硫酸バリウム粉末が、
レントゲン検査で造影剤（バリウム）として用いられます。

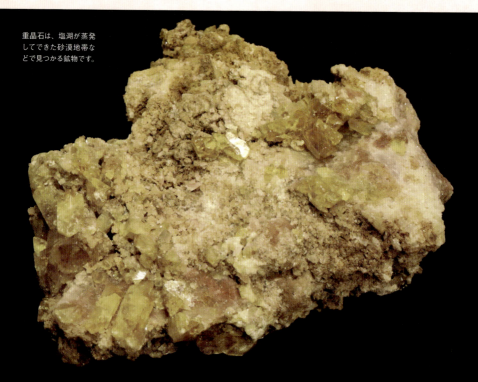

重晶石は、塩湖が蒸発してできた砂漠地帯などで見つかる鉱物です。

Opal オパール

White Colorless 白・無色

非晶質

色：無〜白、黄、赤、青、緑、褐など
条痕：白
光沢：ガラス〜樹脂
劈開：なし
硬度：6
比重：2.1
産地：オーストラリア、スロバキア、メキシコなど

規則正しく並んだ粒子による光の干渉で、虹色に輝きます。

シリカ（酸化ケイ素）と水分子からできている鉱物です。
和名の「蛋白石（たんぱくせき）」が示すように、
少しだけ火の通った卵白のような、
水で薄めた牛乳のような、乳白色の半透明が一般的です。
規則正しく並んだ粒子による光の干渉によって、
虹色に輝くオパールは宝石としても人気です。

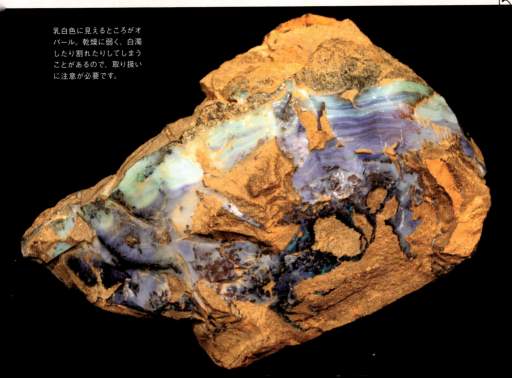

乳白色に見えるところがオパール。乾燥に弱く、白濁したり割れたりしてしまうことがあるので、取り扱いに注意が必要です。

Q
身近なところで
使われていた鉱物を教えて。

コランダムの硬度9という
硬さを生かし、昔はレコー
ドの針、いまは保護ガラス
などに使われています。

A
コランダムは、
レコードの針に使われていました。

> Q 身近なところで使われていた鉱物を教えて。

White Colorless 白・無色
Corundum
コランダム

三方晶系

| 色：無、灰、黄、青、赤、紫など | 光沢：ガラス | 硬度：9 | 産地：カナダ、ロシア、インド、 |
| 条痕：白 | 劈開：なし | 比重：4.0～4.1 | ノルウェー |

宝石になることもある、2番目に硬い指標鉱物です。

酸化アルミニウムの鉱物で、純粋な結晶は無色透明です。
和名は鋼玉（こうぎょく）で、学名はコランダム。
あまり馴染みがない名前かもしれませんが、
宝石質で少量のクロムを含んで赤色のものは「ルビー（P8）」、
チタンや鉄によって青色のものは「サファイア（P94）」と呼ばれます。

濃い色の部分がコランダム。宝石にならなくても、さまざまなことに使える宝箱のような鉱物です。

宝石にならないコランダムは？

A 研磨剤など、工業用に使われます。

コランダムは人工的に合成されていて、さまざまな用途に利用されています。硬さを生かして、保護ガラスや研磨剤、掘削機器の先端に付けて掘り進むためのビットなどに使われます。ちなみに、コランダムを主成分とした研磨剤は「エメリー」と呼ばれます。また、高い融点により高温に耐える性質を利用して、耐火物にも使われています。

ルビーの軸受けがある時計。ルビーはコランダムが赤色の宝石になったときの名前です。

② 鋼のように硬いの？

A ダイヤモンドの次に硬い鉱物です。

鉱物の硬さを決める指標のモース硬度（P11）で、最も硬いダイヤモンドに次ぐ、硬度9の指標鉱物です。

③ 名前の由来は？

A 「ルビー」を意味する言葉です。

英語名「Corundum」は、インドで使われているタミル語やテルグ語で「ルビー」を意味する言葉から付けられたと言われています。

★COLUMN13★

絵の具に使われる鉱物

紙が生まれるよりも前から人類は壁や岩などに絵を描いていました。そのころから使われていたのが、鉱物を顔料とした岩絵の具です。鉱物をすりつぶし、水や動物の皮や骨から抽出したにかわと合わせて、岩絵の具として使います。孔雀石（P54）、鶏冠石（P14）、藍銅鉱（P78）、石黄（P44）、辰砂（P4）などが使われました。日本では高松塚古墳に孔雀石や藍銅鉱を使って描かれた壁画が残されています。また、すりつぶした孔雀石の粉をアイシャドーとしてクレオパトラが使っていたと言われています。

| **White Colorless** 白・無色 | **Silver** 自然銀（しぜんぎん） |

立方晶系

| 色：銀白 | 光沢：金属 | 硬度：2½ | 産地：メキシコ、ペルー、アメリカ、カナダ、 |
| 条痕：銀白 | 劈開：なし | 比重：10.5 | オーストラリア、日本など |

銀白色とも呼ばれる金属光沢は、やがて「いぶし銀」に変化します。

ほぼ元素の銀からできている元素鉱物です。
ひげ状や箔状、樹枝状などで見つかり、結晶の形が見られるのはごくまれです。
「しろがね」や「銀白色」とも呼ばれる明るい無色の金属光沢が特徴ですが、
銀製のアクセサリーや食器などと同様に、次第に表面が黒ずんでいきます。
空気中の硫黄化合物の硫黄と反応して、暗色の硫化銀に変化するからです。
この反応を「酸化」と言いますが、ただ酸素と反応する酸化ではなく、
電子を失う化学反応としての酸化です。
銀の黒ずみは、「いぶし銀」のように好ましい「さび」としても知られています。

自然銀。自然銀の標本を酸化させずに保存することは、とても難しいと言われています。

Molybdenite
輝水鉛鉱
きすいえんこう

六方晶系

色：鉛灰	光沢：金属	硬度：1½
条痕：帯青鉛灰	劈開：一方向に完全	比重：4.8

産地：中国、アメリカ、オーストラリア、日本など

硬そうでやわらかい、貴重なレアメタルの鉱石です。

「水鉛」とは、元素のモリブデンのこと。
学名の「モリブデナイト（Molybdenite）」も主成分のモリブデンから来ています。
国家備蓄の対象となる重要なレアメタル（P127）で、
輝水鉛鉱はその大切な資源です。
メタリックな輝きをしていますが、薄いものは手で曲げられるほどやわらかく、
また、簡単にはがれるこの性質は、潤滑剤としても活用されています。
ちなみに、モリブデンは鉄に添加することで、鋼を硬く丈夫にするので、
産業にも欠かせない存在です。

鉛色の部分が輝水鉛鉱です。触れるとすべすべした感触で、手に鉛色の粉がつきます。

Stibnite
輝安鉱(きあんこう)

Black / Gray 黒・灰

直方晶系

| 色：鉛灰、鋼灰 | 光沢：金属 | 硬度：2 | 産地：中国、日本、ルーマニアなど |
| 条痕：鉛灰 | 劈開：一方向に完全 | 比重：4.6 | |

日本刀を連想させますが、それほど強くはありません。

針状や柱状で、長辺に沿って線状の模様（条線）が入った結晶が特徴です。明治時代に、1mに迫る長さと10kg近くの重さの高品質な輝安鉱の結晶が愛媛県の市之川鉱山で産出することが西洋に知れわたりました。そのため大英博物館をはじめとする、世界の名だたる博物館で、日本産の輝安鉱の大型標本が展示されています。
金属光沢と鋭い形状は、日本刀を連想させ、強靱な印象を与えますが、硬度は低く、ライターの炎でも融けるほどの意外な性質を見せます。
工業的に幅広い用途で使われるレアメタルのアンチモンの鉱石としても知られます。

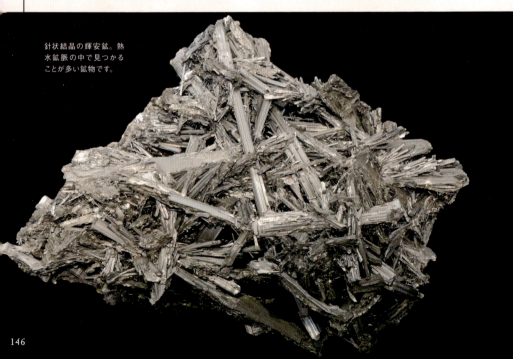

針状結晶の輝安鉱。熱水鉱脈の中で見つかることが多い鉱物です。

Hematite
赤鉄鉱（ヘマタイト）

三方晶系

色：鋼灰、黒、赤	光沢：金属、土状
条痕：赤、赤褐	劈開：なし
硬度：5～6	比重：5.3
産地：カナダ、アメリカ、ウクライナなど	

「鏡」「雲母」「バラ」と呼ばれる鉄の鉱石です。

世界各地で産出する代表的な鉄の鉱石です。
金属の輝きが強い板状の結晶は「鏡鉄鉱」、
黒くて雲母状の薄い板のような結晶が集合していれば「雲母鉄鉱」、
板状の結晶がバラの花のように集まったものは
「鉄のバラ（アイアンローズ）」と呼ばれます。
条痕色（粉末にしたときの色）はどれも赤色で、
顔料の紅殻は赤鉄鉱の粉です。
学名はギリシア語の「血」に由来します。

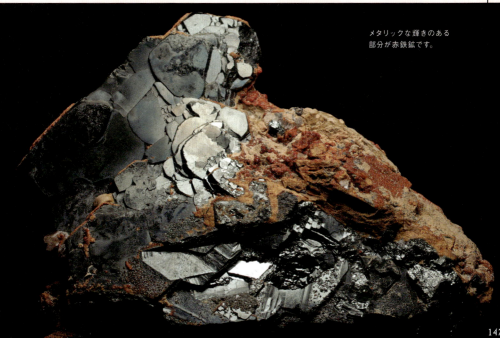

メタリックな輝きのある部分が赤鉄鉱です。

Cassiterite
錫石（すずいし）

正方晶系

色：褐～黒	光沢：ダイヤモンド、金属	硬度：6½	産地：ポルトガル、ボリビア、
条痕：淡黄	劈開：なし	比重：7.0	ブラジル、オーストラリアなど

はるかむかし青銅器時代から人々の暮らしを支えてきました。

スズのほぼ唯一の鉱石で、黒光りする結晶は、短柱状や粒状のほか、
複雑に双晶することもあり、ときには四角錐のものもあります。
錫石は硬く、風化にも強いので、砂粒として集まって堆積し、
鉱床（砂錫）となることもあります。
明治から昭和初期までは、日本でも盛んに採掘されましたが、現在ではすべて閉山。
とはいえ、青銅器時代から飲食器や武具、農具などの素材として
人々の生活を支えてきた鉱物です。

粒状結晶の錫石。ほかに、繊維状集合体や正方短柱状などがあります。

Arsenopyrite
硫砒鉄鉱
りゅうひてっこう

単斜晶系

色：銀白〜鋼灰	光沢：金属	硬度：5½〜6	産地：メキシコ、ドイツ、ポルトガル、日本など
条痕：灰黒	劈開：一方向に完全	比重：6.1〜6.2	

ヒ素の鉱石として知られ、
加熱すると猛毒に変化します。

「砒＝ヒ素」と「鉄鉱」の頭に「硫＝硫酸」が付く名前の通り、ヒ素と鉄の硫化鉄鉱です。
菱餅のような板状、菱形断面の柱状、偏平な両錐状の結晶が特徴。
10cm以上の結晶を産出した大分県の尾平鉱山は、
世界的にも知られた存在でした（現在は閉山）。
重要なヒ素の鉱石で、主に殺虫剤や殺鼠剤に使われる
亜ヒ酸の製造に用いられます。
鉱物自体は有毒ではありませんが、加熱すると猛毒の亜ヒ酸に変化します。

銀色の結晶が硫砒鉄鉱です。

佐渡金山で有名な新潟県の相川鉱山の間ノ山〈あいのやま〉地区の搗鉱場〈とうこうば〉跡。搗鉱場とは、製錬所のことです。相川鉱山では、金や銀のほかに白鉄鉱も採掘されていました。

Marcasite
白鉄鉱
はくてっこう

直方晶系

色：銅灰、真鍮	光沢：金属	硬度：6～6½	産地：日本など
条痕：灰黒	劈開：一方向に明瞭	比重：4.9	

黄鉄鉱と同じ化学組成ですが、結晶の見た目は異なります。

白鉄鉱は、硫黄が鉄と結合した硫化鉱物です。
同じ組成で異なる結晶ができることを同質異像（P93）と言いますが、
白鉄鉱の化学組成は、黄鉄鉱（P28）と同じであるものの、
原子の配列（結晶構造）が異なるため、結晶の見た目が違います。
黄鉄鉱が黄金色で、サイコロのような立方体や正八面体なのに対し、
白鉄鉱は、淡い真鍮色で平たい結晶になります。

Q1 なぜ同じ化学組成で違う鉱物になるの？

A できるときの条件が異なるからです。

低温では白鉄鉱に、高温では黄鉄鉱になりやすいことが分かっています。鉱物の種類で、生成条件が分かるので、過去の地質作用の遍歴も推定できます。生成温度を示す鉱物は、地質温度計として学術的な役割を果たしているのです。

板状の結晶形を示す白鉄鉱。

Q2 白鉄鉱は、工業用に利用されるの？

A 産出量が少なく、利用されていません。

湿気のある場所では水分と反応して分解し、硫酸を作ってしまうので、保管が難しい鉱物です。

Magnetite 磁鉄鉱
じてっこう

Black Gray 黒・灰

立方晶系

| 色：黒 | 光沢：金属～亜金属 | 硬度：5½～6 | 産地：アメリカ、ブラジル、スウェーデン、 |
| 条痕：黒 | 劈開：なし | 比重：5.2 | 南アフリカなど |

日本古来の製鉄法の原料は、ときに方位磁針を狂わせます。

鉄の重要な鉱石で、火成岩に普通に含まれる造岩鉱物の1つです。
通常は粒状ですが、形の整ったものは正八面体です。
黒さび色をして、結晶面がきれいなときには金属光沢があります。
川や海の流れで、密度のそろった砂粒として集まり、砂鉄の鉱床となるため、
日本古来の製鉄法である「たたら製鉄」の原料としても使われました。
強い磁性が特徴で、砂から磁石で集めることができます。
また、天然の磁石になっていることもあり、富士山の山麓など、
磁化した磁鉄鉱を多く含む岩石の地域では、方位磁針が狂うことがあります。

黒い正八面体の結晶が磁鉄鉱。黄緑色の結晶は橄欖石です。

Staurolite
十字石（じゅうじせき）

単斜晶系

| 色：暗褐、赤褐 | 光沢：ガラス | 硬度：7～7½ | 産地：ロシア、マダガスカル、 |
| 条痕：白～灰 | 劈開：一方向に完全 | 比重：3.7～3.8 | スイス、アメリカなど |

キリスト教徒を守ってきた鉱物による十字架です。

柱状の結晶になる鉄とアルミニウムのケイ酸塩鉱物です。
柱状の結晶同士が、60度と90度で接合する「双晶」になることが多く、特に90度の双晶は、結晶が十文字に交差することから、「十字石」と名付けられました。
十字石は風化に強いため、
周囲の母石が風化しても、十字石の結晶だけが残ることも多く、昔から、キリスト教徒がお守りやアクセサリーとして身につけてきました。
60度の双晶の方が多く、3連双晶が六角になったものもあります。

黒っぽい短柱状結晶が十字石です。

ジルコンは宝石のほかに、耐火物、窯業用などにも使われます。また、陶磁器に色を付けるときに塗る色釉薬（いろゆうやく）にジルコンの粉末を混ぜることがあります。

Brown 茶 / Zircon ジルコン

正方晶系

| 色：褐、黄、橙、赤、緑 | 光沢：ダイヤモンド〜ガラス | 硬度：7½ | 産地：パキスタン、オーストラリア、 |
| 条痕：白 | 劈開：なし | 比重：4.6〜4.7 | カナダ、ロシアなど |

ダイヤモンドのような輝きゆえ、イミテーションにもされました。

マグマが冷えて固まった火成岩中に、微小な結晶として見つかることが多く、
広い地域で産出する鉱物で、典型的な結晶は両錐型です。
風化に強いため、砂粒となって堆積することもあり、地質年代を推定できます。
屈折率が高く、硬いことから、大きくて透明な結晶は宝石にもなり、
かつてはダイヤモンドのイミテーションにもなりました。
宝石質の赤い結晶には「風信子（ひやしんす）」という別名があります。
ペルシア語の「金」と「色」が学名の由来です。
ちなみに、名前は似ていますが、キュービックジルコニアとは別物です。

Q どのように年代測定するの？

A 含まれるウランやトリウムの性質を利用します。

微量成分として含まれる放射性のウランやトリウムが、それぞれ一定の崩壊を続けることを利用して、崩壊によって減った原子核種（元素）の量、増えた原子核種（元素）の量を正確に測ることで、結晶化した年代を計算することができます。これによりジルコンが見つかった岩石ができた地質年代が推定できるのです。

八面体結晶をしたジルコン。

Q 元素のジルコニウムと関係ある？

A ジルコンの名に由来します。

ジルコニウムは、鉱物のジルコンから単離し、発見されました。

Desert Rose [Gypsum、Baryte]
砂漠(さばく)のバラ [石膏、重晶石]

単斜晶系

地下水の成分が濃縮して、砂漠にバラを咲かせます。

砂漠の地下水の蒸発や水位の上下に伴い、
地下水に溶け込んでいた化学成分が濃縮すると、花弁状の結晶が生まれます。
人々は、この結晶をバラの花に見立てて、「砂漠のバラ」と呼ぶようになりました。
地下水の成分に硫酸カルシウムが多ければ石膏(P124)のバラに、
硫酸バリウムが多ければ重晶石(P138)のバラになります。
地下水の成分によって、構成する鉱物が変わります。

 なぜバラの形になるの？

A いまだに分かっていません。

結晶が花弁状に集まる理由はいまも不明です。花びらを成す石膏、重晶石のいずれの結晶も、ほとんどが無色透明で、花びらの色は結晶の表面に付着した砂漠の砂の色です。

重晶石の砂漠のバラ。なぜ結晶がバラの形になるのかは、詳しく分かっていません。

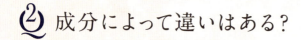 成分によって違いはある？

A 硬さと重さが違います。

石膏と比べると、重晶石の方が硬度が高く密度が2倍ほど違うため重晶石の方が、ずっしり感じます。

監修者プロフィール

宮脇律郎（みやわき りつろう）

1959年生まれ。筑波大学大学院博士課程修了。理学博士。
国立科学博物館 地学研究部長。日本鉱物科学会評議員。
国際鉱物学連合 新鉱物・命名・分類委員会日本代表委員。

主な参考文献（順不同）

『図説 鉱物の博物学 地球をつくる鉱物』秀和システム
『学研の図鑑 美しい鉱物』学研
『鉱物・岩石紳士録—より深くより楽しく 身近な石から、へんな石、巨石文明の石まで』学研
『ときめく鉱物図鑑』山と渓谷社
『教授を魅了した大地の結晶 北川隆司 鉱物コレクション200選』東海大学出版会
『天然石のエンサイクロペディア』玄辰社
『調べる学習百科 鉱物・宝石のひみつ』岩崎書店
『自然がつくった芸術品 鉱物・宝石のふしぎ大研究』PHP研究所

石英の結晶。

Photographers List フォトグラファーリスト

カバー 写真：Jiri Vaclavek／123RF　イラスト：Alexey Grigorev／123RF

P2：SCIENCE PHOTO LIBRARY／amanaimages
P4：MASASHI HAYASAKA／SEBUN PHOTO／amanaimages
P6：吉冨健一
P8：竹内陽子／アフロ
P10：吉冨健一
P12：YOSHIHIRO TAKADA／SEBUN PHOTO／amanaimages
P13 上：宮脇律郎　下：AGE FOTOSTOCK／アフロ
P14：BUD international／amanaimages
P15：宮脇律郎
P16：James Balston／Arcaid／amanaimages
P17：吉冨健一
P18：KATSUHIKO TSUCHIYA／SEBUN PHOTO／amanaimages
P19：吉冨健一
P20：吉冨健一
P21：クリスタルワールド
P22：吉冨健一
P23 上：エスズミネラル　下：吉冨健一
P24：Nora Good／Masterfile／amanaimages
P25：宮脇律郎
P26：宮脇律郎
P27：宮脇律郎
P28：宮脇律郎
P30：宮脇律郎
P31：宮脇律郎
P32：R.CREATION／SEBUN PHOTO／amanaimages
P34：宮脇律郎
P35：Science Photo Library／amanaimages
P36：World History Archive／TopFoto／amanaimages
P37：宮脇律郎
P38：Nigel Pavitt／awl images／amanaimages
P39：宮脇律郎
P40：robertharding／amanaimages
P41：宮脇律郎
P42：Richard Roscoe／Stocktrek Images／amanaimages
P43：吉冨健一
P44：Tak／a.collectionRF／amanaimages
P45：クリスタルワールド
P46：Visuals Unlimited／amanaimages
P47：吉冨健一
P48：宮脇律郎
P49：吉冨健一
P50：RadiusImages／amanaimages
P52：宮脇律郎
P54：Aliy Alexel Sargeevot／Image Source RF／amanaimages
P56：吉冨健一
P57：robertharding／amanaimages
P58：吉冨健一
P59：吉冨健一
P60：Hiroshi Murakami／a.collectionRF／amanaimages
P61：宮脇律郎
P62：KEIISHI TANAKA／SEBUN PHOTO／amanaimages
P63：宮脇律郎
P64：Alamy／アフロ
P65：宮脇律郎
P66：フォッサマグナミュージアム
P67：フォッサマグナミュージアム
P68：DeA Picture Library／amanaimages
P70：宮脇律郎
P71：宮脇律郎
P72：LOOP IMAGES／amanaimages
P73：クリスタルワールド
P74：吉冨健一
P75：鉱物たちの庭
P76：宮脇律郎
P77：宮脇律郎
P78：g-photo／SEBUN PHOTO／amanaimages
P80：宮脇律郎

P82：Science Source／amanaimages
P84：クリスタルワールド
P85：JP／amanaimages
P86：HIROSHI KURODA／SEBUN PHOTO／amanaimages
P87：吉冨健一
P88：クリスタルワールド
P89：宮脇律郎
P90：Walter Bibikow／awl images／amanaimages
P91：吉冨健一
P92：KENJI HATA／a.collectionRF／amanaimages
P93：宮脇律郎
P94：アフロ
P95：宮脇律郎
P96：GYRO PHOTOGRAPHY／a.collectionRF／amanaimages
P97：吉冨健一
P98：田中正秋／アフロ
P100：宮脇律郎
P101 上：JPSE FUSTE RAGA／SEBUN PHOTO／amanaimages
　　　下：Bridgeman Images／アフロ
P102：クリスタルワールド
P103：吉冨健一
P104：Guy Marche／SEBUN PHOTO／amanaimages
P105：宮脇律郎
P106：宮脇律郎
P107：鉱物たちの庭
P108：宮脇律郎
P109：宮脇律郎
P110：Akira Matsui／a.collectionRF／amanaimages
P112：宮脇律郎
P114：クリスタルワールド
P115：宮脇律郎
P116：TERUO SAEGUSA／SEBUN PHOTO／amanaimages
P118：吉冨健一
P119：石ır正雄／アフロ
P120：TAKASHI KATAHIRA／SEBUN PHOTO／amanaimages
P122：JEWELRY PHOTO／SEBUN PHOTO／amanaimages
P124：Frank Krahmer／Masterfile／amanaimages
P126：吉冨健一
P128：Hiroshi Murakami／a.collectionRF／amanaimages
P132：吉冨健一
P133：吉冨健一
P134：Gpointstudio／Image Source RF／amanaimages
P135：宮脇律郎
P136：R.CREATION／SEBUN PHOTO／amanaimages
P137：クリスタルワールド
P138：宮脇律郎
P139：宮脇律郎
P140：west／a.collectionRF／amanaimages
P142：宮脇律郎
P143：YOSHIO NIIKURA／orion／amanaimages
P144：吉冨健一
P145：吉冨健一
P146：吉冨健一
P147：宮脇律郎
P148：クリスタルワールド
P149：宮脇律郎
P150：NIIGATA PHOTO LIBRALY／SEBUN PHOTO／amanaimages
P151：クリスタルワールド
P152：吉冨健一
P153：宮脇律郎
P154：Derek Shapton／Msterfile／amanaimages
P155：吉冨健一
P156：宮脇律郎
P157：アフロ
P158：geckophotos／123RF
P160：Minden Pictures／amanaimages

ダイヤモンドとエメラルドのアクセサリー。

世界でいちばん素敵な
鉱物の教室

2018年8月10日　第1刷発行
2024年2月1日　第7刷発行

監修	宮脇律郎 （国立科学博物館 地学研究部長）	発行人	塩見正孝
		編集人	神浦高志
写真	吉冨健一（広島大学）	販売営業	小川仙丈
	フォッサマグナミュージアム		中村崇
	クリスタルワールド (http://www.crystalworld.jp/)		神浦絢子
	エヌズミネラル (https://www.ns-mineral.jp/)	印刷・製本	図書印刷株式会社
	鉱物たちの庭 (http://www.ne.jp/asahi/lapis/fluorite/)	発行	株式会社三才ブックス 〒101-0041 東京都千代田区神田須田町2-6-5 OS'85ビル TEL：03-3255-7995 FAX：03-5298-3520 http://www.sansaibooks.co.jp/
	アマナイメージズ		
	アフロ		
	123RF		
撮影協力	中川文作		
イラスト	小池那緒子（ナイスク）		
デザイン	ツー・ファイブ	mail	info@sansaibooks.co.jp
文	阪井薫	facebook	
協力	ナイスク(http://naisg.com)	http://www.facebook.com/yozora.kyoshitsu/	
	松尾里央	Twitter	@hoshi_kyoshitsu
	高作真紀	Instagram	@suteki_na_kyoshitsu
	藤原祐葉		
	鈴木英里子		

※本書に掲載されている写真・記事などを無断掲載・無断転載することを固く禁じます。

※万一、乱丁・落丁のある場合は小社販売部宛てにお送りください
送料小社負担にてお取り替えいたします。

©三才ブックス2018